■■ ゼロからはじめる ドコモ【エクスペリア ファイブ マークファイブ】

XPERIA5 V

【Xperia 5 V SO-53D】

スマートガ〜

ドコモ完全対応版

JN100037

技術評論社編集部 著

技術評論社

■ CONTENTS

Chapter 1
Xperia 5 V SO-53D のキホン

Chapter 2
電話機能を使う

Chapter 3
インターネットやメールを利用する

Chapter 4
Google のサービスを使いこなす

■ CONTENTS

Chapter 5
ドコモのサービスを利用する

Chapter 6
音楽や写真・動画を楽しむ

Chapter 7
Xperia 5 V を使いこなす

ご注意：ご購入・ご利用の前に必ずお読みください

●本書に記載した内容は、情報の提供のみを目的としています。したがって、本書を用いた運用は、必ずお客様自身の責任と判断によって行ってください。これらの情報の運用の結果について、技術評論社および著者、アプリの開発者はいかなる責任も負いません。

●ソフトウェアに関する記述は、特に断りのない限り、2023年11月現在での最新バージョンをもとにしています。ソフトウェアはバージョンアップされる場合があり、本書での説明とは機能内容や画面図などが異なってしまうこともあり得ます。あらかじめご了承ください。

●本書は以下の環境で動作を確認しています。ご利用時には、一部内容が異なることがあります。あらかじめご了承ください。
端末 ： Xperia 5 V SO-53D（Android 13）
パソコンのOS ： Windows 11

●インターネットの情報については、URLや画面などが変更されている可能性があります。ご注意ください。

以上の注意事項をご承諾いただいたうえで、本書をご利用願います。これらの注意事項をお読みいただかずに、お問い合わせいただいても、技術評論社は対処しかねます。あらかじめ、ご承知おきください。

■本書に掲載した会社名、プログラム名、システム名などは、米国およびその他の国における登録商標または商標です。本文中では、™、®マークは明記していません。

Chapter
1

Xperia 5 V
SO-53Dのキホン

Xperia 5 V SO-53D について

OS・Hardware

Xperia 5 V SO-53D（以降はXperia 5 Vと表記）は、NTTドコモのAndroidスマートフォンです。NTTドコモの5G通信規格に対応しており、優れたカメラやオーディオ機能を搭載しています。

各部名称を覚える

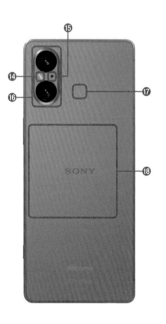

❶	ヘッドセット接続端子	❼	スピーカー	⑬	シャッターキー
❷	セカンドマイク	❽	nanoSIMカード／microSDカード挿入口	⑭	フラッシュ／フォトライト
❸	フロントカメラ			⑮	サードマイク
❹	受話口／スピーカー	❾	送話口／マイク	⑯	メインカメラ
❺	近接／照度センサー	⑩	USB Type-C接続端子	⑰	FeliCaマーク
❻	ディスプレイ（タッチスクリーン）	⑪	音量キー／ズームキー	⑱	ワイヤレス充電位置
		⑫	電源キー／指紋センサー		

■ Xperia 5 Vの特徴

●2つのレンズに3つの画角

超広角レンズ
風景などをより広く撮影することができます。
16mm、約1200万画素／F値2.2。

広角レンズ
スナップショットや暗い場所でもきれいに撮影できます。
光学2倍相当のズーム（48mm）による撮影も可能です。
24mm、約1220万画素／F値1.7。

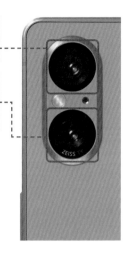

●高画質なディスプレイ

クリエイターモードやリアルタイム
HDRドライブ機能などにより、コン
テンツをはっきりとした映像で表示し
ます。初期状態で有効になっています。

●Video Creator

Video Creatorでは、写真や動画、音
楽を選択するだけで、すばやくかんた
んにショート動画を作成することがで
きます。

Section **02**

電源のオン・オフと
ロックの解除

OS・Hardware

電源の状態には、オン、オフ、スリープモードの3種類があります。
また、一定時間操作しないでいると、自動でスリープモードに移行し
ます。

ロックを解除する

(1) スリープモードで電源キー／指紋センサーを押します。

押す

(2) ロック画面が表示されるので、画面を上方向にスワイプ（P.13参照）します。

11:33
10月24日火曜日

スワイプする

(3) ロックが解除され、ホーム画面が表示されます。再度、電源キー／指紋センサーを押すと、スリープモードになります。

MEMO ロック画面とアンビエント表示

Xperia 5 Vには、スリープモードでの画面に日時などの情報を表示する「アンビエント表示」機能があります（P.162参照）。ロック画面と似ていますが、スリープモードのため手順②の操作を行ってもロックは解除されません。画面をダブルタップするか、電源キー／画面ロックキーを押して、ロック画面を表示してから手順②の操作を行ってください。

■ 電源を切る

(1) 電源が入っている状態で、電源キー／指紋センサーと音量キー／ズームキーの上を同時に押します。

(2) メニューが表示されるので、[電源を切る]をタップすると、完全に電源がオフになります。

(3) 電源をオンにするには、電源キー／指紋センサーをXperia 5 Vが振動するまで押します。

MEMO ロック画面からの カメラの起動

ロック画面から直接カメラを起動するには、ロック画面で🄰をロングタッチします。

基本操作を覚える

OS・Hardware

Xperia 5 Vのディスプレイはタッチスクリーンです。指でディスプレイをタッチすることで、いろいろな操作が行えます。また、本体下部にあるキーアイコンの使い方も覚えましょう。

キーアイコンの操作

戻る　ホーム　履歴

MEMO　キーアイコンとオプションメニューアイコン

本体下部にある3つのアイコンをキーアイコンといいます。キーアイコンは、基本的にすべてのアプリで共通する操作が行えます。また、一部の画面ではキーアイコンの右側か画面右上にオプションメニューアイコン⁝が表示されることがあります。オプションメニューアイコンをタップすると、アプリごとに固有のメニューが表示されます。

キーアイコンとその主な機能		
◀	戻る	タップすると1つ前の画面に戻ります。メニューや通知パネルを閉じることもできます。
●	ホーム	タップするとホーム画面が表示されます。ロングタッチすると、Googleアシスタントが起動します（P.108参照）。
■	履歴	ホーム画面やアプリ利用中にタップすると最近使用したアプリが一覧表示され、アプリを終了したり切り替えたりすることができます（P.21参照）。

■ タッチスクリーンの操作

タップ／ダブルタップ

タッチスクリーンに軽く触れてすぐに指を離すことを「タップ」、同操作を2回くり返すことを「ダブルタップ」といいます。

ロングタッチ

アイコンやメニューなどに長く触れた状態を保つことを「ロングタッチ」といいます。

ピンチ

2本の指をタッチスクリーンに触れたまま指を開くことを「ピンチアウト」、閉じることを「ピンチイン」といいます。

スライド（スクロール）

文字や画像を画面内に表示しきれない場合など、タッチスクリーンに軽く触れたまま特定の方向へなぞることを「スライド」または「スクロール」といいます。

スワイプ（フリック）

タッチスクリーン上を指ではらうように操作することを「スワイプ」または「フリック」といいます。

ドラッグ

アイコンやバーに触れたまま、特定の位置までなぞって指を離すことを「ドラッグ」といいます。

ホーム画面の使い方を覚える

OS・Hardware

タッチスクリーンの基本的な操作方法を理解したら、ホーム画面の見方や使い方を覚えましょう。本書ではホームアプリを「docomo LIVE UX」に設定した状態で解説を行っています。

ホーム画面の見方

ステータスバー
ステータスアイコンや通知アイコンが表示されます（P.16〜17参照）。

アプリアイコン
「dメニュー」などのアプリのアイコンが表示されます。

ドック
ホーム画面を切り替えても常に同じアプリアイコンが表示されます。

アプリ一覧ボタン
すべてのアプリを表示します。

ウィジェット
アプリが取得した情報を表示したり、設定のオン／オフを切り替えたりすることができます（P.26参照）。

フォルダ
アプリアイコンを1箇所にまとめることができます。

マイマガジンボタン
タップすると、ユーザーが選んだジャンルの記事を表示する「マイマガジン」を利用できます（P.124参照）。

インジケーター
現在見ているホーム画面の位置を示します。左右にスワイプ（フリック）したときに表示されます。

14

■ ホーム画面を左右に切り替える

① ホーム画面は、左右に切り替えることができます。まずは、ホーム画面を左方向にスワイプ（フリック）します。

スワイプする

② ホーム画面が、1つ右の画面に切り替わります。

③ ホーム画面を右方向にスワイプ（フリック）すると、もとの画面に戻ります。

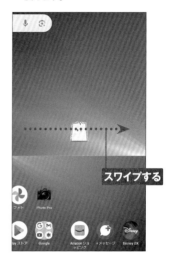

スワイプする

MEMO マイマガジンと my daiz NOW

ホーム画面を上方向にスワイプすると「マイマガジン」が表示され（P.124参照）、一番左のホーム画面で右方向にスワイプすると「my daiz NOW」が表示されます（P.126参照）。

OS・Hardware

通知を確認する

画面上部に表示されるステータスバーから、さまざまな情報を確認することができます。ここでは、通知される表示の確認方法や、通知を削除する方法を紹介します。

■ ステータスバーの見方

15:30 🖧 🕑 🖾　　　　　　　⊙ 🔅 5G 📶 🔋96%

通知アイコン

不在着信や新着メール、実行中の作業など、アプリからの通知を表すアイコンです。

ステータスアイコン

電波状態やバッテリー残量など、主にXperia 5 Vの状態を表すアイコンです。

通知アイコン		ステータスアイコン	
M	新着Gmailメールあり	⊙	GPS測位中
🕑	新着+メッセージあり	🔅	マナーモード（バイブレーション）設定中
🖾	新着ドコモメールあり	🛜	Wi-Fi接続中および接続状態
🖧	不在着信あり	📶	電波の状態
◐◐	留守番電話／伝言メモあり	🔋	バッテリー残量
●	表示されていない通知あり	※	Bluetooth接続中

通知を確認する

(1) メールや電話の通知、Xperia 5 Vの状態を確認したいときは、ステータスバーを下方向にドラッグします。

(2) 通知パネルが表示されます。表示される通知の中から不在着信やメッセージの通知をタップすると、対応するアプリが起動します。通知パネルを上方向にドラッグすると、通知パネルが閉じます。

通知が表示される

通知パネルの見方

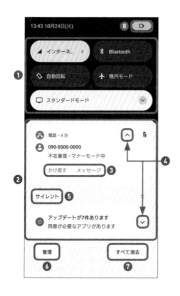

❶	クイック設定パネルの一部が表示されます（P.18参照）。
❷	通知やXperia 5 Vの状態が表示されます。左右にスワイプすると通知が消えます（消えない通知もあります）。
❸	通知によっては通知パネルから「かけ直す」などの操作が行えます。
❹	通知内容が表示しきれない場合にタップして閉じたり開いたりします。
❺	「サイレント」には音やバイブレーションが鳴らない通知が表示されます。
❻	タップすると通知の設定を変更することができます。
❼	タップするとすべての通知が消えます（消えない通知もあります）。
❽	アプリがカメラにアクセスしているときに表示されます。マイクにアクセスしているときはマイクのアイコンが表示されます。

Section 06

クイック設定ツールを利用する

OS・Hardware

クイック設定ツールは、Xperia 5 Vの主な機能をかんたんに切り替えられるほか、状態もひと目でわかるようになっています。ほかにもドラッグ操作で画面の明るさも調節できます。

クイック設定パネルを展開する

(1) ステータスバーを2本指で下方向にドラッグします。

2本指でドラッグする

(2) クイック設定パネルが表示されます。表示されているクイック設定ツールをタップすると、機能のオン／オフを切り替えることができます。

タップする

(3) クイック設定パネルの画面を左方向にスワイプすると、次のパネルに切り替わります。

スワイプする

(4) ◀を2回タップすると、もとの画面に戻ります。

2回タップする

クイック設定ツールの機能

クイック設定パネルでは、タップでクイック設定ツールのオン／オフを切り替えられるだけでなく、ロングタッチすると詳細な設定が表示されるものもあります。

タップすると簡易設定が、ロングタッチすると詳細な設定が表示されます。

オン／オフを切り替えられます。

画面の明るさを調節できます。

音質や画質の確認と設定が行えます。

おもなクイック設定ツール	オンにしたときの動作
インターネット	モバイル回線やWi-Fiの接続をオン／オフしたり設定したりできます。（P.36参照）。
Bluetooth	Bluetoothをオンにします（P.182参照）。
自動回転	Xperia 5 Vを横向きにすると、画面も横向きに表示されます。
機内モード	すべての通信をオフにします。
マナーモード	マナーモードを切り替えます（P.65参照）。
位置情報	位置情報をオンにします。
ニアバイシェア	付近の対応機器とファイルを共有します。
ライト	Xperia 5 Vの背面のライトを点灯します。
STAMINAモード	STAMINAモードをオンにします（P.186参照）。
テザリング	Wi-Fiテザリングをオンにします（P.180参照）。
スクリーンレコード開始	表示されている画面を動画で録画します。

アプリを利用する

OS・Hardware

アプリ一覧画面には、さまざまなアプリのアイコンが表示されています。それぞれのアイコンをタップするとアプリが起動します。アプリの終了方法や切り替え方もあわせて覚えましょう。

アプリを起動する

(1) ホーム画面を表示し、[アプリ一覧ボタン] をタップします。

タップする

(2) アプリ一覧画面が表示されるので、画面を上下にスワイプし、任意のアプリを探してタップします。ここでは、[設定] をタップします。

① スワイプする
② タップする

(3) 「設定」アプリが起動します。アプリの起動中に◀をタップすると、1つ前の画面（ここではアプリ一覧画面）に戻ります。

タップする

MEMO アプリのアクセス許可

アプリの初回起動時に、アクセス許可を求める画面が表示されることがあります。その際は [許可] をタップして進みます。許可しない場合、アプリが正しく機能しないことがあります（対処方法はP.177参照）。

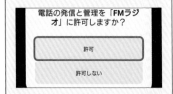

アプリを終了する

(1) アプリの起動中やホーム画面で ■ をタップします。

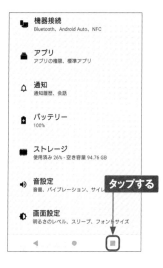

タップする

(2) 最近使用したアプリが一覧表示されるので、左右にスワイプして、終了したいアプリを上方向にスワイプします。

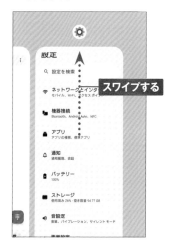

スワイプする

(3) スワイプしたアプリが終了します。すべてのアプリを終了したい場合は、右方向にスワイプし、[すべてクリア]をタップします。

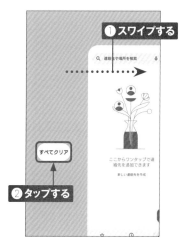

❶ スワイプする

すべてクリア

❷ タップする

MEMO アプリの切り替え

手順②の画面で別のアプリをタップすると、画面がそのアプリに切り替わります。また、アプリのアイコンをタップすると、アプリ情報の表示やマルチウィンドウ表示への切り替えができます。

タップする

マルチウィンドウを
利用する

OS・Hardware

Xperia 5 Vには、アプリの上下に分割して表示できる「マルチウィンドウ」機能があります。なお、分割表示に対応していないアプリもあります。

画面を分割表示する

(1) P.21手順②の画面を表示します。

(2) 上側に表示させたいアプリのアイコン (ここでは [設定]) をタップし、[上に分割] をタップします。

①タップする

②タップする

(3) 続いて、下側に表示させたいアプリ (ここでは [Chrome]) のサムネイル部分をタップします。

タップする

(4) 選択した2つのアプリが分割表示されます。中央の ━━ をドラッグすると、表示範囲を変更できます。画面上部または下部までドラッグすると、分割表示を終了できます。

ドラッグする

📱 分割表示したアプリを切り替える

①　分割表示したアプリを切り替えたい場合は、P.22手順④の画面で画面中央の ━━ をタップします。

②　表示される ➕ をタップします。

③　上下にアプリのサムネイルが表示されるので、左右にスワイプして切り替えたいアプリをタップします。

④　すべてのアプリから選択したい場合は、手順③の画面で右端もしくは左端までスワイプし、[すべてのアプリ] をタップします。

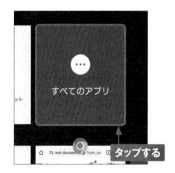

⑤　すべてのアプリが表示されるので、切り替えたいアプリをタップして選択します。

MEMO　分割表示の履歴

手順③の画面下部には、これまで分割表示したアプリの組み合わせが表示されます。これをタップすると、以前のアプリの組み合わせを復元できます。

ポップアップウィンドウ を利用する

Application

ポップアップウィンドウでアプリを起動すると、ホーム画面やアプリ の上に小さく重ねて表示することができます。なお、アプリによって はポップアップウィンドウが使えない場合もあります。

■ ポップアップウィンドウでアプリを起動する

(1) P.21手順②の画面を表示しま す。左右にスワイプしてポップアッ プウィンドウで開きたいアプリを選 び、[ポップアップウィンドウ] をタッ プします。

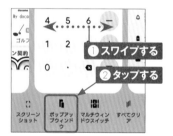

(3) ここでは、■をタップしてホーム画 面にポップアップウィンドウを表示 しました。上部の操作アイコン部 分をドラッグすると、ポップアップ ウィンドウを移動できます。

(2) アプリがポップアップウィンドウで 表示されます。続いてメイン画面 に表示したいアプリをタップする か、■をタップします。

(4) ×をタップすると、ポップアップウィ ンドウが閉じます。

ポップアップウィンドウの操作アイコン

❶	サイズ変更	ドラッグするとポップアップウィンドウのサイズを変更できます。
❷	最大化	ポップアップウィンドウを最大化します。■をタップすると、もとのサイズに戻せます。
❸	アイコン化	ポップアップウィンドウで起動しているアプリがアイコン表示になります。アイコンをタップすると、もとのサイズに戻ります。
❹	閉じる	ポップアップウィンドウを閉じます。

MEMO サイドセンスからポップアップウィンドウを表示

サイドセンス（P.170参照）からもポップアップウィンドウを表示できます。サイドセンスメニューを開き、[メイン画面／ポップアップ]をタップして、ポップアップウィンドウとして表示させたいアプリのアイコンをタップします。

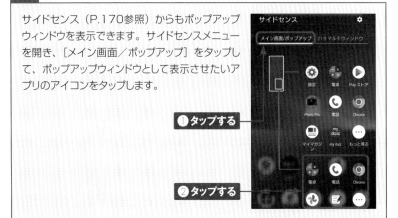

❶タップする

❷タップする

OS・Hardware

ウィジェットを利用する

Xperia 5 Vのホーム画面にはウィジェットが表示されています。ウィジェットを使うことで、ホーム画面上からアプリの情報を確認したり、アプリを操作したりすることができます。

ウィジェットとは

ウィジェットは、ホーム画面で動作する簡易的なアプリのことです。さまざまな情報を自動的に表示したり、タップすることでアプリを操作したりできます。Xperia 5 Vに標準でインストールされているウィジェットは多数あり、Google Play（P.100参照）でダウンロードするとさらに多くの種類のウィジェットを利用できます。ウィジェットを組み合わせることで、自分好みのホーム画面の作成が可能です。

アプリの情報を簡易的に表示するウィジェットです。タップするとアプリが起動します。

アプリの操作が行えるウィジェットです。

ウィジェットを設置すると、ホーム画面でアプリの操作や設定の変更、ニュースやWebサービスの更新情報のチェックなどができます。

ウィジェットを追加する

(1) ホーム画面の何もない箇所をロングタッチします。

ロングタッチする

(2) [ウィジェット] をタップします。初回は [OK] をタップします。

タップする

⊘ 壁紙とスタイル

🔠 ウィジェット

⌂ ホーム設定

(3) 画面を上下にスライドして、追加したいウィジェットをロングタッチします。

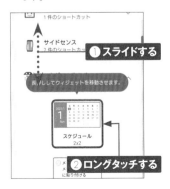

❶ スライドする

❷ ロングタッチする

(4) 指を離すと、ホーム画面にウィジェットが追加されます。

ウィジェットが追加された

MEMO ウィジェットの削除

ウィジェットを削除するには、ウィジェットをロングタッチしたあと、[削除] までドラッグします。

× 削除

❷ドラッグする

❶ロングタッチする

1

文字を入力する

Application

Xperia 5 Vでは、ソフトウェアキーボードで文字を入力します。「12キー」（一般的な携帯電話の入力方法）や「QWERTY」（パソコンと同じキー配置）などを切り替えて使用できます。

文字の入力方法

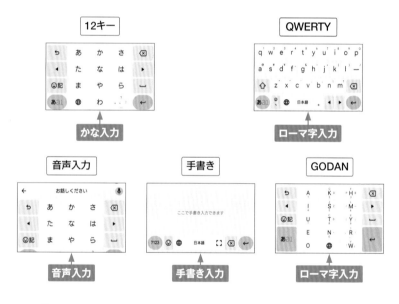

MEMO 5種類の入力方法

Xperia 5 Vには、携帯電話で一般的な「12キー」、パソコンと同じキー配置の「QWERTY」のほか、音声入力の「音声入力」、手書き入力の「手書き」、「12キー」や「QWERTY」とは異なるキー配置のローマ字入力の「GODAN」の5種類の入力方法があります。なお、本書では「音声入力」、「手書き」、「GODAN」については解説しません。

■ キーボードを使う準備を行う

① 初めてキーボードを使う場合は、「入力レイアウトの選択」画面が表示されます。[スキップ] をタップします。

タップする

② 12キーのキーボードが表示されます。✿をタップします。

タップする

③ [言語] → [キーボードを追加] → [日本語] の順にタップします。

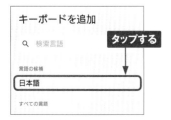

タップする

④ 追加したいキーボードをタップして選択し、[完了] をタップします。

❶ タップする

❷ タップする

⑤ キーボードが追加されます。←を2回タップすると手順②の画面に戻ります。

←
タップする

MEMO キーボードの切り替え

キーボードを追加したあとは手順②の画面で ∴ が ⊕ に切り替わるので、⊕をロングタッチします。切り替えられるキーボードが表示されるので、切り替えたいキーボードをタップすると、キーボードが切り替わります。

❶ ロングタッチする
❷ タップする

12キーで文字を入力する

●トグル入力を行う

(1) 12キーは、一般的な携帯電話と同じ要領で入力が可能です。たとえば、あを5回→かを1回→さを2回タップすると、「おかし」と入力されます。

(2) 変換候補から選んでタップすると、変換が確定します。手順①でをタップして、変換候補の欄をスライドすると、さらにたくさんの候補を表示できます。

●フリック入力を行う

(1) 12キーでは、キーを上下左右にフリックすることでも文字を入力できます。キーをロングタッチするとガイドが表示されるので、入力したい文字の方向へフリックします。

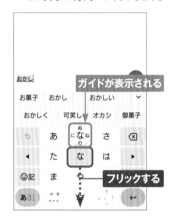

(2) フリックした方向の文字が入力されます。ここでは、なを下方向にフリックしたので、「の」が入力されました。

QWERTYで文字を入力する

① QWERTYでは、パソコンのロー
マ字入力と同じ要領で入力が可
能です。たとえば、`g`→`i`→`j`
→`u`の順にタップすると、「ぎじゅ」
と入力され、変換候補が表示され
ます。候補の中から変換したい
単語をタップすると、変換が確定
します。

② 文字を入力し、[日本語] もしくは
[変換] をタップしても文字が変
換されます。

③ 希望の変換候補にならない場合
は、◀ / ▶をタップして文節の位
置を調節します。

④ ←をタップすると、濃いハイライト
表示の文字部分の変換が確定し
ます。

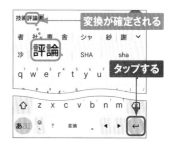

QWERTYでの
ロングタッチ入力

QWERTYでは、キーをロング
タッチすることで数字や記号を
入力することができます。

1

31

文字種を変更する

1 あa1をタップするごとに、「ひらがな漢字」 → 「英字」 → 「数字」の順に文字種が切り替わります。あa1のときには、ひらがなや漢字を入力できます。

2 あa1のときには、半角英字を入力できます。あa1をタップします。

3 あa1のときには、半角数字を入力できます。再度あa1をタップすると、ひらがなや漢字の入力に戻ります。

MEMO 全角英数字の入力

[全] と書かれている変換候補をタップすると、全角の英数字で入力されます。

絵文字や顔文字を入力する

1 絵文字や顔文字を入力したい場合は、☺記をタップします。

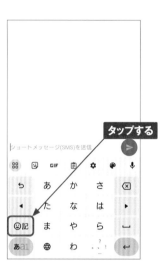

2 「絵文字」の表示欄を上下にスライドし、目的の絵文字をタップすると入力できます。

3 顔文字を入力したい場合は、キーボード下部の:-)をタップします。あとは手順②と同様の方法で入力できます。記号を入力したい場合は、☆をタップします。

4 あいうをタップします。

5 通常の文字入力に戻ります。

テキストを
コピー&ペーストする

Application

Xperia 5 Vは、パソコンと同じように自由にテキストをコピー&ペーストできます。コピーしたテキストは、別のアプリにペースト（貼り付け）して利用することもできます。

■ テキストをコピーする

(1) コピーしたいテキストをロングタッチします。

(2) テキストが選択されます。●と●を左右にドラッグして、コピーする範囲を調整します。

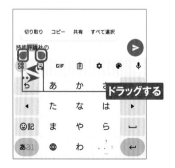

(3) ［コピー］をタップします。

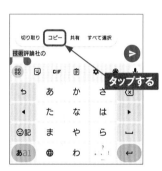

(4) テキストがコピーされました。✕をタップします。

34

■ テキストをペーストする

① 入力欄で、テキストをペースト（貼り付け）したい位置をロングタッチします。

技術評論社の　← **ロングタッチする**

③ コピーしたテキストがペーストされます。

技術評論社の技術

ペーストされたテキスト

② ［貼り付け］をタップします。

タップする

MEMO 「Chrome」アプリでのコピー方法

ここで紹介したコピー手順は、テキストを入力・編集する画面での方法です。「Chrome」アプリでも同じようにテキストをロングタッチして選択し、P.34手順②～③の方法でコピーすることができます

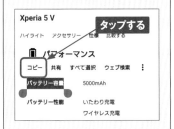

タップする

Section **13**

Wi-Fiを設定する

Application

自宅のアクセスポイントや公衆無線LANなどのWi-Fiネットワークが
あれば、モバイルネットワークを使わなくてもインターネットに接続で
きます。

■ Wi-Fiに接続する

(1) P.20を参考に「設定」アプリを
起動し、[ネットワークとインターネッ
ト] → [インターネット] の順にタッ
プします。「Wi-Fi」が ● の場
合は、タップして ● にします。
[Wi-Fi] をタップします。

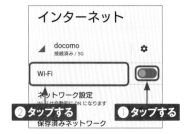

インターネット

docomo
接続済み / 5G

Wi-Fi

ネットワーク設定
Wi-Fiは自動的にONになります

保存済みネットワーク

②タップする　　①タップする

(2) 接続したいWi-Fiネットワークを
タップします。

インターネット

docomo
接続済み / 5G

タップする

Wi-Fi

ISC

Ichigayanet

(3) パスワードを入力し、[接続] をタッ
プすると、Wi-Fiネットワークに接
続できます。

Ichigayanet

パスワード

....

□ パスワードを表示する　　①入力する

詳細オプション

キャンセル　接続

②タップする

MEMO スマートコネクティビ ティとは

Xperia 5 Vに搭載されている
「スマートコネクティビティ」は、
Wi-Fiネットワークとモバイルネッ
トワークの両方が利用可能なと
きに、よりよい方のネットワーク
に接続する機能です。移動中な
どでも通信が途切れないので快
適な通信環境を維持できます。

36

■ Wi-Fiネットワークを追加する

(1) Wi-Fiネットワークに手動で接続する場合は、P.36手順②の画面を上方向にスライドし、画面下部にある[ネットワークを追加]をタップします。

(2) 「ネットワーク名」にSSIDを入力し、「セキュリティ」の項目をタップします。

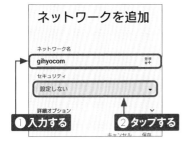

(3) 適切なセキュリティの種類をタップして選択します。

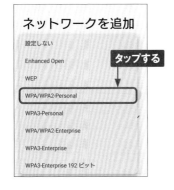

(4) 「パスワード」を入力し、必要に応じてネットワークの接続設定を行い、[保存]をタップすると、Wi-Fiネットワークに接続できます。

MEMO d Wi-Fiとは

「d Wi-Fi」は、ドコモが提供する公衆Wi-Fiサービスです。dポイントクラブ会員であれば無料で利用可能で、あらかじめ「dアカウント発行」「dポイントクラブ入会」「dポイントカード利用登録」が必要です。詳しくは、https://www.docomo.ne.jp/service/d_wifi/を参照してください。

Googleアカウントを
設定する

Application

Googleアカウントを設定すると、Googleが提供するサービスが利用できます。ここではGoogleアカウントを作成して設定します。すでに作成済みのGoogleアカウントを設定することもできます。

Googleアカウントを設定する

(1) P.20を参考にアプリ一覧画面を表示し、[設定] をタップします。

タップする

(3) [アカウントを追加] → [Google] の順にタップします。

アカウントの追加

d docomo   タップする

M Exchange

G Google

◼ Meet

Xperia

(2) 「設定」アプリが起動するので、画面を上方向にスクロールして、[パスワードとアカウント] をタップします。

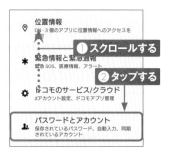

位置情報
ON - 3 個のアプリに位置情報へのアクセスを

❶ スクロールする

緊急情報と緊急速報
緊急 SOS、医療情報、アラート

❷ タップする

ドコモのサービス/クラウド
dアカウント設定、ドコモアプリ管理

パスワードとアカウント
保存されているパスワード、自動入力、同期
されているアカウント

MEMO Googleアカウントとは

Googleアカウントとは、Googleが提供するサービスへのログインに必要なアカウントです。無料で作成可能で、Gmailのメールアドレスも取得することができます。Xperia 5 VにGoogleアカウントを設定しておけば、ログイン操作など必要とせずGmailやGoogle Playなどをすぐに使うことが可能です。

④ [アカウントを作成] → [個人で使用] の順にタップします。すでに作成したアカウントを設定するには、アカウントのメールアドレスまたは電話番号を入力します（右下のMEMO参照）。

Google

ログイン

Google アカウントでログインしましょう。
詳細

メールアドレスまたは電話番号

メールアドレスを忘れた場合

個人で使用 ← ②タップする
子供用
仕事 / ビジネス用 ← ①タップする
アカウントを作成　　　　　次へ

⑤ 上の欄に「姓」、下の欄に「名」を入力し、[次へ] をタップします。

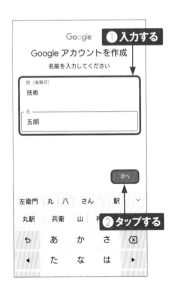

Google　①入力する

Google アカウントを作成

名前を入力してください

姓（省略可）
技術

名
五郎

次へ

左衛門　丸　八　さん　駅
丸駅　兵衛　山　神 　②タップする
ぅ　あ　か　さ　⌫
◀　た　な　は　▶

⑥ 生年月日と性別をタップして設定し、[次へ] をタップします。

Google　①設定する

基本情報

生年月日と性別を入力してください

年　　　月　　　日
1970　　4月　▼　1

性別
男性　　　　　　▼

②タップする

次へ

既存のアカウントを設定
MEMO

作成済みのGoogleアカウントがある場合は、手順④の画面でメールアドレスまたは電話番号を入力して、[次へ] をタップします。次の画面でパスワードを入力し、P.40手順⑨もしくはP.41手順⑬以降の解説に従って設定します。

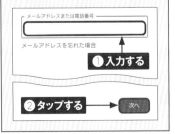

メールアドレスまたは電話番号

メールアドレスを忘れた場合
①入力する

②タップする　→　次へ

39

⑦ 「自分でGmailアドレスを作成」を
タップして、希望するメールアドレ
スを入力し、[次へ] をタップしま
す。

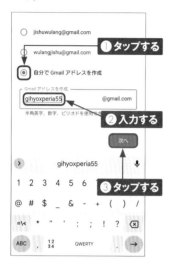

⑧ パスワードを入力し、[次へ] をタッ
プします。

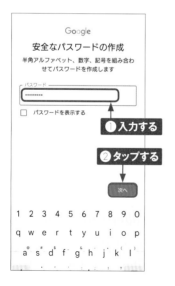

⑨ パスワードを忘れた場合のアカウ
ント復旧に使用するために、
Xperia 5 Vの電話番号を登録し
ます。画面を上方向にスワイプし
ます。

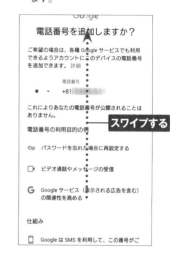

⑩ ここでは [はい、追加します] をタッ
プします。電話番号を登録しない
場合は、[その他の設定] → [い
いえ、電話番号を追加しません]
→ [完了] の順にタップします。

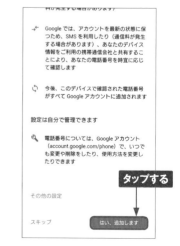

⑪ 「アカウント情報の確認」画面が表示されたら、[次へ] をタップします。

⑫ 内容を確認して、[同意する] をタップします。

⑬ 画面を上方向にスワイプして、[同意する] をタップします。

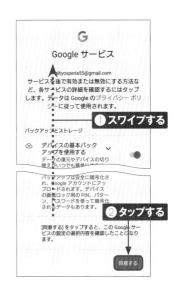

⑭ Googleアカウントが作成され、Xperia 5 Vに設定されます。

ドコモのID・パスワードを設定する

Application

Xperia 5 Vにdアカウントを設定すると、ドコモが提供するさまざまなサービスをインターネット経由で利用できるようになります。また、あわせてspモードパスワードの変更も済ませておきましょう。

🔹 dアカウントとは

「dアカウント」とは、ドコモが提供しているさまざまなサービスを利用するためのIDです。dアカウントを作成し、Xperia 5 Vに設定することで、「dポイント」や「dマーケット」などのドコモの各種サービスを利用できるようになります。

なお、ドコモのサービスを利用しようとすると、いくつかのパスワードを求められる場合があります。このうち「spモードパスワード」はMy docomo（お客様サポート）で変更やリセットができますが、「ネットワーク暗証番号」はインターネット上でリセットできません（変更は可能）。番号を忘れないように気を付けましょう。さらに、「spモードパスワード」を初期値（0000）のまま使っていると、変更をうながす画面が表示されることがあります。その場合は、画面の指示に従ってパスワードを変更しましょう。

なお、購入時にドコモショップなどですでに設定を行っている場合、ここでの設定は必要ありません。また、以前使っていた機種でdアカウントを作成・登録済みで、機種変更でXperia 5 Vを購入した場合は、自動的にdアカウントが設定されます。

ドコモのサービスで利用するID ／パスワード	
ネットワーク暗証番号	回線契約時に設定する4桁の数字です。My docomo（お客様サポート）での設定変更やd払いを利用する際に必要です（P.43参照）。
dアカウント／パスワード	ドコモのサービスを利用する際に必要なIDとパスワードです。P.43の方法で作成・設定します。
spモードパスワード	ドコモメールの設定やspモードコンテンツ決済利用時に必要です。初期値は「0000」ですが、変更が必要です（P.46参照）。

※dアカウントのログイン画面は2023年11月中旬に変更予定のため、本書とは画面が異なる場合があります。なお、新デザイン画面での初回ログイン時にはログイン通知メールが送信される場合があります。詳しくは、https://www.docomo.ne.jp/info/notice/page/230906_00.htmlを参照してください。また、通信環境や設定環境によって、ログインの際に求められる内容（パスワード、暗証番号など）が異なる場合があります。

■ dアカウントを作成する

① P.20を参考に「設定」アプリを起動して、[ドコモのサービス／クラウド] をタップします。

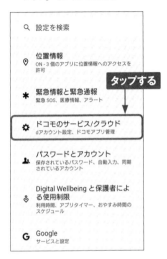

Q 設定を検索

位置情報
ON・3個のアプリに位置情報へのアクセスを許可

タップする

緊急情報と緊急通報
緊急 SOS、医療情報、アラート

ドコモのサービス/クラウド
dアカウント設定、ドコモアプリ管理

パスワードとアカウント
保存されているパスワード、自動入力、同期されているアカウント

Digital Wellbeing と保護者による使用制限
利用時間、アプリタイマー、おやすみ時間のスケジュール

G Google
サービスと設定

② [dアカウント設定] をタップします。

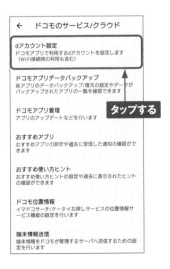

← ドコモのサービス/クラウド

dアカウント設定
ドコモアプリで利用するdアカウントを設定します
（Wi-Fi接続時の利用も含む）

ドコモアプリデータバックアップ
各アプリのデータバックアップ/復元の設定やデータがバックアップされたアプリの一覧を確認できます

ドコモアプリ管理
アプリのアップデートなどを行います

タップする

おすすめアプリ
おすすめアプリの設定や過去に受信した通知の確認ができます

おすすめ使い方ヒント
おすすめ使い方ヒントの設定や過去に表示されたヒントの確認ができます

ドコモ位置情報
イマドコサーチ/ケータイお探しサービスの位置情報サービス機能の設定を行います

端末情報送信
端末情報をドコモが管理するサーバへ送信するための設定を行います

③ 「dアカウント設定」画面が表示されたら、新規に作成する場合は、[新たにdアカウントを作成] をタップします。

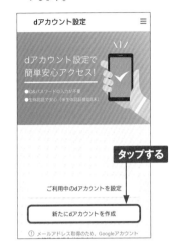

dアカウント設定 ≡

dアカウント設定で
簡単安心アクセス！

●ID&パスワードの入力が不要
●生体認証で安心（※生体認証機能対応端末）

タップする

ご利用中のdアカウントを設定

新たにdアカウントを作成

① メールアドレス取得のため、Googleアカウント

④ ネットワーク暗証番号を聞かれた場合は入力して、[OK] をタップします。

← ネットワーク暗証番号

以下の電話番号に設定したネットワーク暗証番号を入力してください

電話番号

08000000000

ネットワーク暗証番号：

....

ネットワーク暗証番号でお困りの方>

❶入力する

❷タップする

OK

43

(5) 「アカウントの選択」画面で設定内容を通知するためのアカウントを選択します。ここではSec.14で作成したGoogleアカウントをタップして、[OK] をタップします。

(6) 連絡先メールアドレスを選択します。ここでは [Gmail] をタップします。

(7) 「ID設定」画面が表示されます。好きなIDを設定する場合は、○をタップして◉にし、ID名を入力して、[設定する] をタップします。

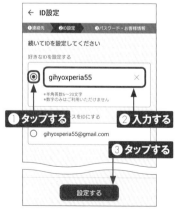

(8) dアカウントで利用するパスワードを入力して、画面を上方向にスクロールします。

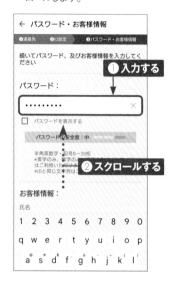

(9) 氏名、フリガナ、性別、生年月日を入力し、[OK] をタップします。

(10) 「ご利用規約」画面が表示されたら、内容を確認して、[同意する]をタップします。

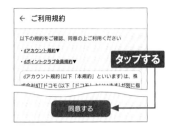

← ご利用規約

以下の規約をご確認、同意の上ご利用ください

・dアカウント規約▼

・dポイントクラブ会員規約▼

タップする

dアカウント規約(以下「本規約」といいます)は、株式会社NTTドコモ(以下「ドコモ」といいます)が別に指

同意する ◀

(11) 「dアカウント設定」画面が表示されたら、[はい]をタップして、画面に指示に従ってログインします。

dアカウント設定

Chromeでもログインしますか?ログインする場合は「はい」を押してください。

* 「いいえ」を押した場合はこのアプリでのみログインします

タップする   いいえ はい

(12) dアカウントの作成が完了しました。生体認証の設定は、ここでは[設定しない]をタップして、[OK]をタップします。

dアカウント設定完了

✓

以下のdアカウントの設定が完了しました

dアカウントのiD

続けて、生体認証または画面ロックで認証の設定を行いますか?

○ 設定する   ◉ 設定しない

❶ タップする

❷ タップする

OK ◀

(13) 「アプリ一括インストール」画面が表示されたら、[今すぐ実行]をタップして、[進む]をタップします。

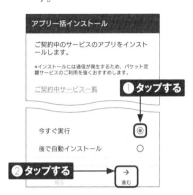

アプリ一括インストール

ご契約中のサービスのアプリをインストールします。

*インストールには通信が発生するため、パケット定額サービスのご利用を強くおすすめします。

ご契約中サービス一覧   **❶ タップする**

今すぐ実行   ◉

後で自動インストール   ○

❷ タップする ──→ →進む

戻る

(14) dアカウントの設定が完了します。

dアカウント ≡

ID

gihyoxperia55

設定電話番号:

2段階認証
強:セキュリティコード

生体認証または画面ロックで認証
未設定

パスワード
いつもパスキー設定(パスワードレス):未設定

連絡先メールアドレス

📌 **すでにdアカウントがある場合**
MEMO

すでにdアカウントがある場合は、P.43手順③の画面で[ご利用中のdアカウントを設定]をタップし、画面に指示に従ってdアカウントを設定します。

■ spモードパスワードを変更する

(1) P.118を参考に「My docomo」アプリを起動し、初期設定を行います。

タップする

(2) 「My docomo」アプリの画面が表示されたら、[設定] をタップします。

タップする

(3) 画面を上方向にスクロールし、[spモードパスワード] → [変更する] の順にタップします。dアカウントへのログインが求められたら画面の指示に従ってログインします。

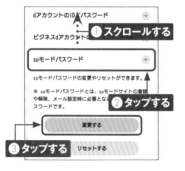

① スクロールする

② タップする

③ タップする

(4) ネットワーク暗証番号を入力し、[認証する] をタップします。パスワードの保存画面が表示されたら、[使用しない] をタップします。

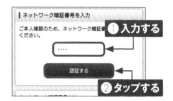

① 入力する

② タップする

(5) 現在のspモードパスワード（初期値は「0000」）と新しいパスワード（不規則な数字4文字）を入力します。[設定を確定する] をタップします。

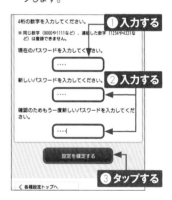

① 入力する

② 入力する

③ タップする

MEMO spモードパスワードのリセット

spモードパスワードがわからなくなったときは、手順③の画面で [リセットする] をタップし、画面の指示に従って暗証番号などを入力して手続きを行うと、初期値の「0000」にリセットできます。

電話機能を使う

電話をかける・受ける

Application

電話操作は発信も着信も非常にシンプルです。発信時はホーム
画面のアイコンからかんたんに電話を発信でき、着信時はドラッグ
またはタップ操作で通話を開始できます。

電話をかける

(1) ホーム画面で📞をタップします。

タップする

(2) 「電話」アプリが起動します。🔳
をタップします。

ワンタップで連絡先に電
話をかけられます

連絡先をお気に入りに追加　タップする

★　　　🕐　　　👥
お気に入り　　履歴　　連絡先

(3) 相手の電話番号をタップして入力
し、[音声通話] をタップすると、
電話が発信されます。

❶タップする 0000-❷タップする

1	2 ABC	3 DEF
4 GHI	5 JKL	6 MNO
7 PQRS	8 TUV	9 WXYZ
★	0	#

📞 音声通話

(4) 相手が応答すると通話がはじまり
ます。📞をタップすると、通話が
終了します。

発信中...
07000000000

タップする

電話を受ける

① 電話がかかってくると、着信画面が表示されます（スリープ状態の場合）。 を上方向にスワイプします。また、画面上部に通知で表示された場合は、［応答］をタップします。

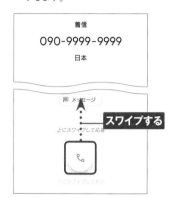

着信
090-9999-9999
日本

回 メッセージ

スワイプする

上にスワイプして応答

② 相手との通話がはじまります。通話中にアイコンをタップすると、ミュートやスピーカーなどの機能を利用できます。

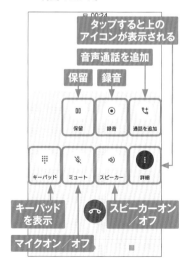

回 00:24

**タップすると上の
アイコンが表示される**

音声通話を追加

保留 **録音**

00 保留　⊙ 録音　📞 通話を追加

⋮⋮⋮ キーパッド　🎤 ミュート　🔊 スピーカー　⋮ 詳細

**キーパッド
を表示**　**スピーカーオン
/オフ**

マイクオン/オフ

③ ●をタップすると、通話が終了します。

090-9999-9999
回 00:24

タップする

MEMO 発信者情報の表示

Xperia 5 Vでは、連絡先に登録していない相手に電話をかけたり、電話がかかってきたりした場合、相手の名前や会社名などが表示されることがあります。この機能をオフにしたい場合は、P.48手順②の画面の右上の⋮をタップし、［設定］→［発着信情報/迷惑電話］の順にタップして、［発信者番号とスパムの番号を表示］をオフにします。

← 発着信情報 / 迷惑電話

発信者番号とスパムの番号を表示
企業の番号とスパムの番号を識別します

ⓘ 通話の発着信時に、連絡先に登録されていない電話番号の発信者名や 迷惑電話の疑いがある着信に関する警告メッセージなどの有益な情報が可能な限り表示されるようになります。 迷惑電話対策の詳細

これらの機能で使用されるデータは Google とそのライセンサーが提供しています。 ビジネスリスティング データの詳細

2

発信や着信の履歴を確認する

Application

電話の発信や着信の履歴は、通話履歴画面で確認します。また、電話をかけ直したいときに通話履歴画面から発信したり、メッセージ（SMS）を送信したりすることもできます。

発信や着信の履歴を確認／削除する

1 P.48手順①を参考に「電話」アプリを起動して、［履歴］をタップします。

2 通話履歴画面が表示され、通話の履歴を確認できます。

3 削除したい履歴をロングタッチして、［削除］をタップします。

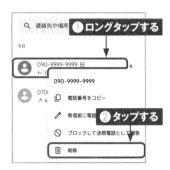

4 ［削除］をタップすると、履歴が削除されます。

履歴から発信する

① P.50手順①を参考に通話履歴画面を表示します。発信したい履歴の を タップします。

② 電話が発信されます。

MEMO 「着信通知サービス」の通知が表示された場合

Xperia 5 Vの初回起動時や留守番電話にメッセージが残されたときなどに、「着信通知サービス」の通知が表示されることがあります。その場合は、通知をタップし、画面の指示に従って権限の許可を設定してください。

留守番電話を確認する

Application

ドコモの留守番電話サービス（有料）を利用していると、電話に出られないときにメッセージを残してもらうことができます。なお、契約時の呼び出し時間は15秒に設定されています。

留守番電話を確認する

1 留守番電話にメッセージがあると、ステータスバーに留守番電話の通知  が表示されます。

留守番電話の通知

2 P.48手順 ③ の画面を表示し、「1417」と入力して、［音声通話］をタップします。

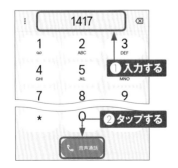

❶ 入力する

❷ タップする

3 留守番電話サービスにつながり、メッセージを確認することができます。

発信中...
留守番電話

MEMO 留守番電話サービスとは

留守番電話を利用するには、有料の留守番電話サービスを契約する必要があります。未契約の場合は、ドコモショップの店頭か、インターネットの「My docomo」（P.118参照）で利用を申し込むことができます。

留守番電話を消去する

1 P.52手順①～②を参考にして、留守番電話サービスに電話をかけます。録音されたメッセージを消去したい場合は、[キーパッド]をタップし、[3]をタップします。

2 メッセージが消去されます。複数のメッセージが録音されている場合は、[#]をタップすると次のメッセージを聞くことができます。

3 をタップすると、メッセージの再生が終了します。

MEMO 「ドコモ留守電」アプリの利用

Xperia 5 Vでは、「ドコモ留守電」アプリを利用して留守番電話の一覧表示や、メッセージの再生や削除などがかんたんに行えます。アプリがインストールされていない場合は、「https://www.nttdocomo.co.jp/service/answer_phone/answer_phone_app/」からダウンロードできます。

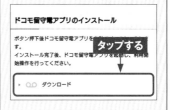

伝言メモを利用する

Application

Xperia 5 Vでは、電話に応答できないときに本体に伝言を記録する「伝言メモ」を利用できます。有料サービスである留守番電話サービスとは異なり、無料で利用できます。

伝言メモを設定する

(1) P.48手順①を参考に「電話」アプリを起動して、画面右上の⋮をタップし、[設定]をタップします。

(2) 「設定」画面で [通話アカウント] → 設定するSIM（ここでは [docomo]） → [伝言メモ] → [OK] の順にタップします。

(3) 「伝言メモ」画面で [伝言メモ] をタップし、 ● を ● に切り替えます。[応答時間設定] → [OK] の順にタップします。

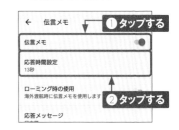

(4) 応答時間をドラッグして変更し、[完了]をタップします。有料の「留守番電話サービス」を契約している場合は、その呼び出し時間（契約時15秒）より短く設定する必要があります。

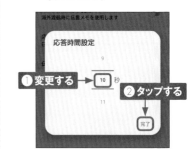

伝言メモを再生する

① 伝言メモがあると、ステータスバーに伝言メモの通知 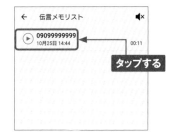 が表示されます。ステータスバーを下方向にドラッグします。

ドラッグする

② 通知パネルが表示されるので、伝言メモの通知をタップします。

タップする

③ 「伝言メモリスト」画面で聞きたい伝言メモをタップすると、伝言メモが再生されます。

```
← 伝言メモリスト              ◀×
  ▶ 09099999999
    10月25日 14:44              00:11
                          タップする
```

④ 伝言メモを削除するには、ロングタッチして [削除] をタップします。

```
← 伝言メモリスト              ◀×
  ▶ 09099999999
    10月25日 14:44              00:11
                  削除
               すべて削除
❶ ロングタッチする   ❷ タップする
```

MEMO そのほかの伝言メモ再生方法

ステータスバーの通知を削除してしまった場合は、P.54手順③の画面を表示して、[伝言メモリスト] をタップしてください。

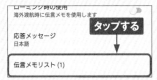

ローミング時の使用
海外渡航時に伝言メモを使用します

タップする

応答メッセージ
日本語

伝言メモリスト (1)

電話帳を利用する

Application

電話番号やメールアドレスなどの連絡先は、「ドコモ電話帳」で管理することができます。クラウド機能を有効にすることで、電話帳データが専用のサーバーに自動で保存されます。

ドコモ電話帳のクラウド機能を有効にする

(1) アプリ一覧画面で[ドコモ電話帳]をタップします。

タップする

(2) 初回起動時は「クラウド機能の利用について」画面が表示されます。注意事項を確認して、[利用する] → [許可]をタップします。

月額使用料：無料
※別途パケット通信料がかかります
注意事項
クラウド機能を利用するには、以下のボタンから注意事項を確認のうえ、進んでください。

注意事項

タップする

アプリケーション・プライバシーポリシー
株式会社NTTドコモが提供する本サービスにお

利用しない　　利用する

(3) 「すべての連絡先」画面が表示されます。すでに利用したことがあって、クラウドにデータがある場合は、登録済みの電話帳データが表示されます。

≡　すべての連絡先　　　　Q

連絡先リストが空です

MEMO ドコモ電話帳のクラウド機能とは

ドコモ電話帳では、電話帳データを専用のクラウドサーバーに自動で保存しています。そのため、機種変更をしたときも、クラウドを利用してかんたんに電話帳を移行することができます。

連絡先に新規連絡先を登録する

1 P.56手順③の画面で ⊕ をタップ します。

```
≡   すべての連絡先        🔍
```

タップする

2 初回は連絡先を保存するアカウン トを選びます。ここでは[docomo] をタップします。

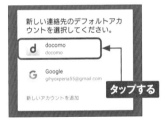

新しい連絡先のデフォルトアカ
ウントを選択してください。

d docomo
   docomo

G Google
   gihyoxperia55@gmail.com

新しいアカウントを追加

タップする

3 入力欄をタップし、「姓」と「名」 の入力欄に相手の氏名を入力し ます。続けて、ふりがなも入力し ます。

```
×   新しい連絡先の作成        保存

👤  市ケ谷
    一郎
    いちがや
    いちろう
```
入力する

4 電話番号やメールアドレスなどを 入力し、完了したら、[保存]をタッ プします。

```
×   新しい連絡先の作成    保存
```
②タップする   ①入力する

```
    いちがや
    いちろう
📞  070-1111-1111
                        ×
    携帯  ▾
    電話番号
    自宅  ▾
✉️  ichigayaichiro@docomo.ne.jp
                        ×
    携帯  ▾
```

5 連絡先の情報が保存され、登録 した相手の情報が表示されます。

連絡先が登録された

```
市ケ谷 一郎
いちがや いちろう

📞  070-1111-1111        💬
    携帯

✉️  ichigayaichiro@docomo.ne.jp
    携帯

概要 一郎

よみがな
いちがや いちろう
```

履歴から連絡先を登録する

1 P.48手順①を参考に「電話」アプリを起動します。[履歴]をタップし、連絡先に登録したい電話番号をタップして、[連絡先に追加]をタップします。

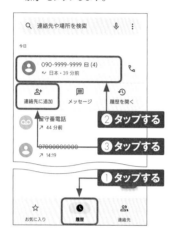

2 [新しい連絡先を作成](既存の連絡先に登録する場合は連絡先名)をタップします。

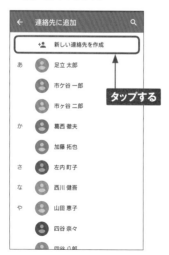

3 P.57手順②〜④の方法で連絡先の情報を登録します。

MEMO 連絡先の検索

「電話」アプリや「ドコモ電話帳」アプリの上部にある🔍をタップすると、登録されている連絡先を探すことができます。フリガナを登録している場合は、名字もしくは名前の読みの一文字目を入力すると候補に表示されます。

マイプロフィールを確認・編集する

(1) P.56手順③の画面で ≡ をタップしてメニューを表示し、［設定］をタップします。

(2) ［ユーザー情報］をタップします。

(3) 自分の情報を登録できます。編集する場合は、✎ をタップします。

(4) 情報を入力し、［保存］をタップします。

MEMO 住所の登録

マイプロフィールに住所や誕生日などを登録したい場合は、手順③の画面下部にある［その他項目］をタップし、［住所］などをタップします。

2

■ ドコモ電話帳のそのほかの機能

●電話帳を編集する

(1) P.56手順③の画面で編集したい連絡先の名前をタップします。

(2) ✐をタップして「連絡先を編集」画面を表示し、P.57手順③〜④の方法で連絡先を編集します。

●電話帳から電話を発信する

(1) 左記手順②の画面で電話番号をタップします。

(2) 電話が発信されます。

●連絡先をお気に入りに追加する

(1) P.60左の手順②の画面で、右上の☆をタップします。

タップする

市ヶ谷 二郎
いちがや じろう

📞 090-1111-1111
携帯

✉ ichigayajiro@docomo.ne.jp
携帯

概要 二郎

よみがな

(2) P.48手順②の画面を表示して[お気に入り]をタップすると、お気に入りに追加されたことがわかります。ここから連絡先をタップすることで、すばやく電話をかけることができます。

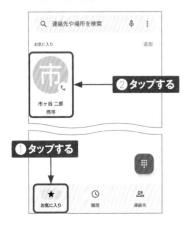

Q 連絡先や場所を検索

お気に入り　　　　　追加

❷タップする

市ヶ谷 二郎
携帯

❶タップする

★　　　　🕐　　　　👥
お気に入り　　履歴　　連絡先

●連絡先を削除する

(1) P.60左の手順②の画面で、右上の ⋮ をタップします。

タップする

市ヶ谷 二郎
いちがや じろう

📞 090-1111-1111
携帯

✉ ichigayajiro@docomo.ne.jp
携帯

概要 二郎

よみがな

(2) [削除]をタップすると、連絡先が削除されます。

統合

削除

共有

ショートカットを作成

着信音を設 タップする

市ヶ谷 二郎
いちがや じろう

📞 090-1111-1111
携帯

✉ ichigayajiro@docomo.ne.jp
携帯

概要 二郎

よみがな

2

Application

着信拒否を設定する

Xperia 5 Vでは、非通知やリストに登録した電話番号からの着信を拒否することができます。迷惑電話やいたずら電話がくり返しかかってきたときは、着信拒否を設定しましょう。

着信拒否リストに登録する

(1) P.48手順①を参考に「電話」アプリを起動し、画面右上の ⁝ →[設定]の順にタップします。

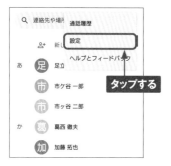

(2) [ブロック中の電話番号]をタップします。

(3) 着信を拒否したい設定をタップし、●にします。

(4) 番号を指定して着信拒否をしたい場合は、[番号を追加]をタップします。

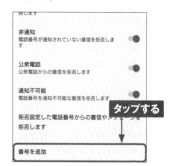

⑤ 着信を拒否したい電話番号を入力し、[追加] をタップします。

① 入力する
② タップする

着信拒否設定

電話帳登録外
電話帳に登録していない番号からの着信を拒否します

非通知

次の電話番号からの着信とメッセージを拒否します

090-1111-1111

キャンセル　　追加

拒否します

番号を追加

⑥ 「拒否設定しました」というメッセージが表示されたら、登録完了です。

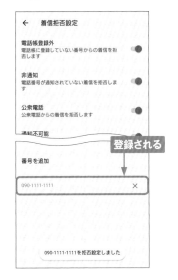

登録される

着信拒否設定

電話帳登録外
電話帳に登録していない番号からの着信を拒否します

非通知
電話番号が通知されていない着信を拒否します

公衆電話
公衆電話からの着信を拒否します

通知不可能

番号を追加

090-1111-1111　　　　　　　　　　×

090-1111-1111を拒否設定しました

⑦ 着信拒否に追加した番号を削除したい場合は、×→ [拒否設定を解除] の順にタップします。

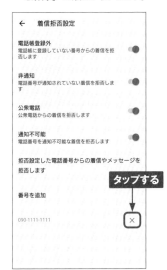

着信拒否設定

電話帳登録外
電話帳に登録していない番号からの着信を拒否します

非通知
電話番号が通知されていない着信を拒否します

公衆電話
公衆電話からの着信を拒否します

通知不可能
電話番号を通知不可能な着信を拒否します

拒否設定した電話番号からの着信やメッセージを拒否します

タップする

番号を追加

090-1111-1111　　　　　　　　　　×

MEMO　着信履歴から着信拒否リストに登録

P.50手順③の画面で [ブロックして迷惑電話として報告] をタップすると、着信履歴から着信拒否リストに登録できます。

Q 連絡先や場所を検索

今日

090-9999-9999

090-9999-9999

070〇
電話番号をコピー

発信前に電話番号を編集

ブロックして迷惑電話として報告

削除

2

着信音・マナーモード・操作音を設定する

Application

メールの通知音や電話の着信音、本体の音量や操作音の設定は、「設定」アプリから変更することができます。また、マナーモードの設定などは、音量キーから設定します。

■ 着信音を変更する

1 P.20を参考に「設定」アプリを起動して、[音設定] をタップします。

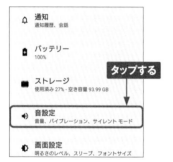

🔔 **通知** 通知履歴、会話	
🔋 **バッテリー** 100%	
	タップする
▣ **ストレージ** 使用済み 27% - 空き容量 93.99 GB	
🔊 **音設定** 音量、バイブレーション、サイレント モード	
◐ **画面設定** 明るさのレベル、スリープ、フォントサイズ	

2 「音設定」画面が表示されるので、ここでは [着信音-SIM1] をタップします。

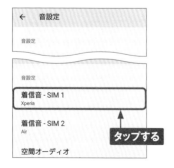

← 音設定
音設定
音設定
着信音 - SIM 1 Xperia
着信音 - SIM 2 Air　　　　　　　**タップする**
空間オーディオ

3 変更したい着信音をタップすると、着信音を確認することができます。[OK] をタップすると、着信音が変更されます。

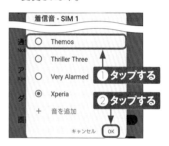

着信音 - SIM 1

- ○ Themos
- ○ Thriller Three
- ○ Very Alarmed　**①タップする**
- ◉ Xperia　**②タップする**
- ＋ 音を追加

キャンセル　OK

MEMO 通知音やアラーム音の設定

手順②の画面で [通知音] や [アラーム音] をタップすることで、同様の操作で通知音やアラーム音の設定が行えます。なお、[着信音-SIM2] はeSIMなど別のSIMカードを使用している場合の設定項目です。

通知音
Notification

マナーモードを設定する

① 本体の右側面にある音量キーを押し、🔇をタップします。

③ アイコンが📳になり、バイブレーションのみのマナーモードになります。

② 📳をタップします。

④ 手順②の画面で🔇をタップするとアイコンが🔇になり、バイブレーションもオフになったマナーモードになります（アラームや動画、音楽は鳴ります）。手順②の画面で🔔をタップすると🔇に戻り、マナーモードが解除されます。

■ 音量や操作音を設定する

(1) P.20を参考に「設定」アプリを起動して、[音設定]をタップします。

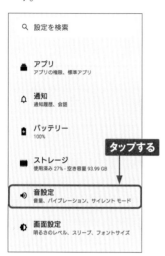

```
Q  設定を検索


■  アプリ
   アプリの権限、標準アプリ

△  通知
   通知履歴、会話

■  バッテリー
   100%
                    タップする
■  ストレージ
   使用済み 27% - 空き容量 93.99 GB

◄》 音設定
   音量、バイブレーション、サイレント モード

◐  画面設定
   明るさのレベル、スリープ、フォントサイズ
```

(2) 設定を変更したい音量のスライダーを左右にドラッグして音量を調節します。

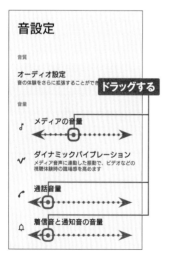

```
音設定

音質

オーディオ設定
音の体験をさらに拡張することがで   ドラッグする

音量

♪  メディアの音量
   ←・・・・・◉・・・・・→

√  ダイナミックバイブレーション
   メディア音声に連動した振動で、ビデオなどの
   視聴体験時の臨場感を高めます

c  通話音量
   ◄◉・・・・・・・・・・→

△  着信音と通知音の音量
   ◄◉・・・・・・・・・・→
```

(3) 画面を上方向にスクロールします。

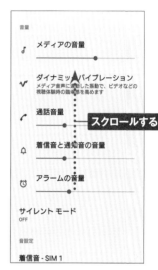

```
音量

♪  メディアの音量
                    ・・・・・・◉

√  ダイナミックバイブレーション
   メディア音声に連動した振動で、ビデオなどの
   視聴体験時の臨場感を高めます

c  通話音量          スクロールする

△  着信音と通知音の音量

☉  アラームの音量
                    ・◉

サイレント モード
OFF

音設定

着信音 - SIM 1
```

(4) 設定を変更したい操作音(ここでは[ダイヤルパッドの操作音])をタップして●○を○●にすると、操作音がオフになります。

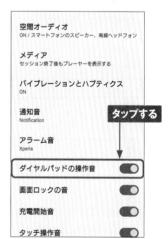

```
空間オーディオ
ON / スマートフォンのスピーカー、有線ヘッドフォン

メディア
セッション終了後もプレーヤーを表示する

バイブレーションとハプティクス
ON

通知音                タップする
Notification

アラーム音
Xperia

ダイヤルパッドの操作音     ⬤─

画面ロックの音          ⬤─

充電開始音            ⬤─

タッチ操作音           ⬤─
```

66

インターネットやメール
を利用する

Webページを閲覧する

Application

Xperia 5 Vでは、「Chrome」アプリでWebページを閲覧できます。
アドレス入力欄に検索キーワードやURLを入力してWebページを
表示し、ジェスチャー操作で戻る・進むなどの操作が可能です。

■ Webページを閲覧する

(1) ホーム画面を表示して、◎をタップします。初回起動時は確認画面が表示されるので、画面の指示に従って設定します。

(2) 「Chrome」アプリが起動して、標準ではdメニューのWebページが表示されます（P.116参照）。アドレス入力欄が表示されない場合は、画面を下方向にスライドすると表示されます。

(3) アドレス入力欄をタップし、検索したいキーワードを入力して、➡をタップします。

(4) Google検索の実行結果が表示されるので、閲覧したいページのリンクをタップすると、リンク先のページが表示されます。手順③でURLを入力して直接そのページを表示することもできます。

Webページを移動・更新する

(1) Webページの閲覧中に、リンク先のページに移動したい場合、ページ内のリンクをタップします。

(2) ページが移動します。◀をタップすると、タップした回数分だけページが戻ります。

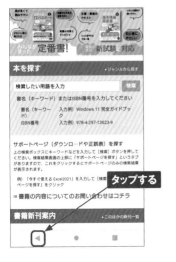

(3) 画面右上の⋮をタップして、→をタップすると、前のページに進みます。

(4) ⋮をタップして、Cをタップすると、表示しているページが更新されます。

3

✏️ MEMO ジェスチャー操作による移動と更新

上記の操作のほか、Webページを画面左から右方向にスワイプするとページが戻り、画面右から左方向にスワイプすると前のページに進むことができます。また、一番上の画面を表示して下方向にスワイプすると、ページが更新されます。

複数のWebページを同時に開く

「Chrome」アプリでは、複数のWebページをタブを切り替えて同時に開くことができます。複数のページを交互に参照したいときや、常に表示しておきたいページがあるときに利用すると便利です。

Webページを新しいタブで開く

(1) 「Chrome」アプリを起動して、
⋮をタップします。

(2) [新しいタブ] をタップします。

(3) 新しいタブが表示されます。検索ボックスをタップします。

(4) P.68手順③〜④を参考にしてWebページを表示します。

◆ 電子書籍・雑誌を読んでみよう！

技術評論社　GDP　　検索

 で検索、もしくは左のQRコード・下の
URLからアクセスできます。

https://gihyo.jp/dp

1 アカウントを登録後、ログインします。
【外部サービス（Google、Facebook、Yahoo!JAPAN）
でもログイン可能】

2 ラインナップは入門書から専門書、
趣味書まで3,500点以上！

3 購入したい書籍を 🛒 カート に入れます。

4 お支払いは「**PayPal**」にて決済します。

5 さあ、電子書籍の
読書スタートです！

●**ご利用上のご注意**　　当サイトで販売されている電子書籍のご利用にあたっては、以下の点にご留
■**インターネット接続環境**　　電子書籍のダウンロードについては、ブロードバンド環境を推奨いたします。
■**閲覧環境**　PDF版については、Adobe ReaderなどのPDFリーダーソフト、EPUB版については、EP
■**電子書籍の複製**　当サイトで販売されている電子書籍は、購入した個人のご利用を目的としてのみ、閲覧
ご覧いただく人数分をご購入いただきます。
■**改ざん・複製・共有の禁止**　電子書籍の著作権はコンテンツの著作権者にありますので、許可を得な

Software **D**esign も電子版で読める！

電子版定期購読が
お得に楽しめる！

くわしくは、
「**Gihyo Digital Publishing**」
のトップページをご覧ください。

🎁 電子書籍をプレゼントしよう！

Gihyo Digital Publishing でお買い求めいただける特定の商品と引き替えが可能な、ギフトコードをご購入いただけるようになりました。おすすめの電子書籍や電子雑誌を贈ってみませんか？

こんなシーンで…　　●ご入学のお祝いに　●新社会人への贈り物に
●イベントやコンテストのプレゼントに　………

●ギフトコードとは？　Gihyo Digital Publishing で販売している商品と引き替えできるクーポンコードです。コードと商品は一つ一つで結びつけられています。

くわしいご利用方法は、「Gihyo Digital Publishing」をご覧ください。

のインストールが必要となります。
を行うことができます。法人・学校での一括購入においても、利用者1人につき1アカウントが必要となり、
への譲渡、共有はすべて著作権法および規約違反です。

電脳会議

紙面版

新規送付の
お申し込みは…

電脳会議事務局　　　　　検　索

で検索、もしくは以下の QR コード・URL から
登録をお願いします。

 https://gihyo.jp/site/inquiry/dennou

「電脳会議」紙面版の送付は送料含め費用は
一切無料です。
登録時の個人情報の取扱については、株式
会社技術評論社のプライバシーポリシーに準
じます。

 技術評論社のプライバシーポリシー
はこちらを検索。

https://gihyo.jp/site/policy/

技術評論社　　電脳会議事務局
〒162-0846　東京都新宿区市谷左内町21-13

■ 複数のタブを切り替える

① 複数のタブを開いた状態で、アドレス入力欄の右にあるタブ切り替えアイコンをタップします。

② 現在開いているタブの一覧が表示されるので、表示したいタブをタップします。

③ 表示するタブが切り替わります。

MEMO **タブを閉じるには**

不要なタブを閉じたいときは、手順②の画面で、右上の×をタップします。なお、最後に残ったタブを閉じると、「Chrome」アプリが終了します。

3

■ タブをグループで開く

「Chrome」アプリでは、複数のタブを1つにまとめるグループ機能が利用できます。 ニュースサイトのグループ、SNSのグループといったようにジャンルごとにタブをまとめて管理することが可能です。

(1) ページ内のリンクをロングタッチします。

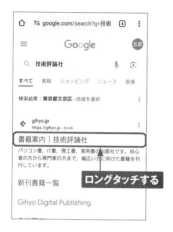

(2) [新しいタブをグループで開く] をタップします。

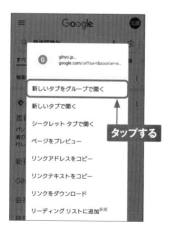

(3) リンク先のページが新しいタブで開きますが、まだ表示されていません。 グループ化されており、画面下にタブの切り替えアイコンが表示されるので、別のアイコンをタップします。

(4) リンク先のページが表示されます。

グループ化したタブを整理する

1 P.72手順③の画面で [+] をタップすると、グループ内に新しいタブが追加されます。画面右上のタブ切り替えアイコンをタップします。

2 現在開いているタブの一覧が表示されます。グループ化されているタブは [○個のタブ] と表示されており、1つのタブの中に複数のタブがまとめられています。グループ化されているタブをタップします。

3 グループ内のタブが表示されます。タブの右上の [×] をタップします。

4 グループ内のタブが閉じます。← をタップします。

5 現在開いているタブの一覧に戻ります。タブグループにタブを追加したい場合は、追加したいタブをロングタッチし、タブグループにドラッグします。

6 タブグループにタブが追加されます。

3

73

ブックマークを利用する

Application

「Chrome」アプリでは、WebページのURLを「ブックマーク」に追加し、好きなときにすぐに表示することができます。よく閲覧するWebページはブックマークに追加しておくと便利です。

ブックマークを追加する

(1) ブックマークに追加したいWebページを表示して、 :をタップします。

(2) ☆をタップします。

(3) ブックマークが追加されます。追加直後に正面下部に表示される[編集]をタップします。

(4) 名前や保存先のフォルダなどを編集し、←をタップします。

MEMO ホーム画面にショートカットを配置するには

手順②の画面で[ホーム画面に追加]をタップすると、表示しているWebページをホーム画面にアイコンとして配置できます。

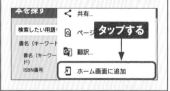

ブックマークからWebページを表示する

(1) 「Chrome」アプリを起動して、**⋮**をタップします。

タップする

(2) [ブックマーク]をタップします。

タップする

(3) 「ブックマーク」画面が表示されるので、[モバイルのブックマーク]をタップして、閲覧したいブックマークをタップします。

タップする

(4) ブックマークしたWebページが表示されます。

MEMO ブックマークの削除

手順③の画面で削除したいブックマークの**⋮**をタップし、[削除]をタップすると、ブックマークを削除できます。

タップする

3

利用できるメールの種類

Application

Xperia 5 Vでは、ドコモメール（@docomo.ne.jp）やSMS、＋メッセージを利用できるほか、Gmailおよびプロバイダーメールなどのパソコンのメールも使えます。

ドコモメール

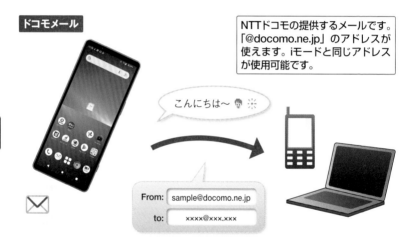

> NTTドコモの提供するメールです。「@docomo.ne.jp」のアドレスが使えます。iモードと同じアドレスが使用可能です。

こんにちは〜 🐙 ☀

From: sample@docomo.ne.jp
to: xxxx@xxx.xxx

SMSと＋メッセージ

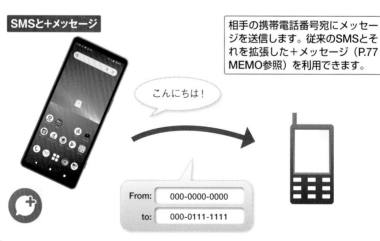

> 相手の携帯電話番号宛にメッセージを送信します。従来のSMSとそれを拡張した＋メッセージ（P.77 MEMO参照）を利用できます。

こんにちは！

From: 000-0000-0000
to: 000-0111-1111

Gmail

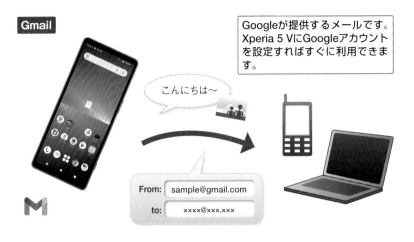

Googleが提供するメールです。Xperia 5 VにGoogleアカウントを設定すればすぐに利用できます。

こんにちは～

From: sample@gmail.com
to: xxxx@xxx.xxx

PCメール

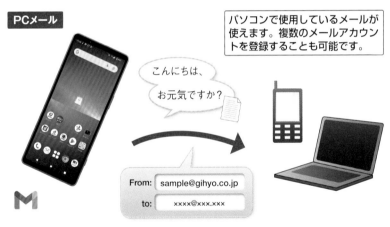

パソコンで使用しているメールが使えます。複数のメールアカウントを登録することも可能です。

こんにちは、
お元気ですか？

From: sample@gihyo.co.jp
to: xxxx@xxx.xxx

MEMO +メッセージとは

+メッセージは、従来のSMSを拡張したものです。宛先に相手の携帯電話番号を指定するのはSMSと同じですが、文字だけしか送信できないSMSと異なり、スタンプや写真、動画などを送ることができます。ただし、SMSは相手を問わず利用できるのに対し、+メッセージは、相手も+メッセージを利用している場合のみやり取りが行えます。相手が+メッセージを利用していない場合は、SMSとして文字のみが送信されます。

ドコモメールを設定する

Application

Xperia 5 Vでは「ドコモメール」を利用できます。ここでは、ドコモメールの初期設定方法を解説します。なお、ドコモショップなどですでに設定を行っている場合は、ここでの操作は必要ありません。

■ ドコモメールの利用を開始する

1 ホーム画面で ～ をタップします。「ドコモメール」アプリがインストールされていない場合は、[アップデート]をタップしてインストールを行い、アプリを起動します。

❶タップする

❷タップする

2 アクセスの許可についての画面が表示されるので[次へ]をタップします。

タップする

3 [許可]を4回タップして進みます。利用規約の確認画面が表示されたら、画面をスクロールして[利用開始]をタップします。

連絡先へのアクセスを「ドコモメール」に許可しますか？

許可

許可しない

タップする

④ 「ドコモメールアプリ更新情報」画面が表示されたら、[閉じる]をタップします。

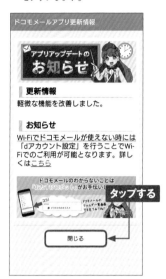

⑤ すでに利用したことがある場合は [設定情報の復元] 画面が表示されるので、[設定情報を復元する] もしくは [復元しない] をタップして、[OK] をタップします。

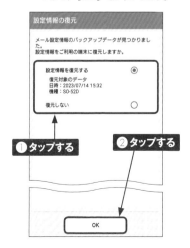

⑥ 「文字サイズ設定」画面が表示されたら、使用したい文字サイズをタップし、[OK] をタップします。

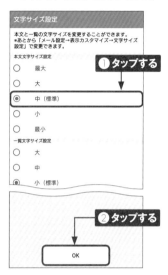

⑦ 「フォルダ一覧」画面が表示され、ドコモメールが利用できるようになります。次回からは、ホーム画面で ⌣ をタップするだけでこの画面が表示されます。

■ ドコモメールのアドレスを変更する

① 新規契約の場合など、メールアドレスを変更したい場合は、ホーム画面で∨をタップします。

タップする

② 「フォルダ一覧」画面が表示されます。画面右下の[その他]をタップし、[メール設定]をタップします。

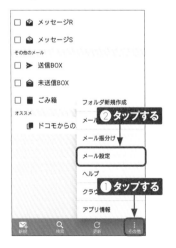

□ 📧 メッセージR
□ 📧 メッセージS

その他のメール
□ ➤ 送信BOX
□ 📨 未送信BOX
□ 🗑 ごみ箱

オススメ
　📖 ドコモからの

フォルダ新規作成
メール② タップする
メール振分け
メール設定
ヘルプ
クラ ① タップする
アプリ情報

新規　　検索　　更新　　その他

③ [ドコモメール設定サイト]をタップします。アカウントやパスワードの確認画面が表示された場合は、画面の指示に従って認証を行います。

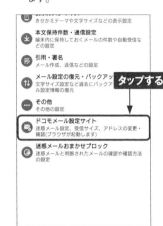

きせかえテーマや文字サイズなどの表示設定

本文保持件数・通信設定
端末内に保持しておくメールの件数や自動受信などの設定

引用・署名
メール作成、返信などの設定

メール設定の復元・バックアッ　タップする
文字サイズ設定など過去にバックア
ル設定情報の復元

その他
その他の設定

ドコモメール設定サイト
迷惑メール設定、受信サイズ、アドレスの変更・確認(ブラウザが起動します)

迷惑メールおまかせブロック
迷惑メールと判断されたメールの確認や確認方法の設定

④ 「メール設定」画面で画面を上方向にスライドして、[メールアドレスの変更]をタップします。

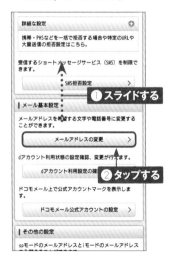

詳細な設定　　　　　　　　　　　　➕

携帯・PHSなどを一括で拒否する場合や特定のURLや大量送信の拒否設定はこちら。

受信するショートメッセージサービス (SMS) を制限できます。

SMS拒否設定　　　　　　＞

❶ スライドする

| メール基本設定

メールアドレスを希望する文字や電話番号に変更することができます。

メールアドレスの変更　　　　＞

dアカウント利用状態の設定確認、変更が行えます。

dアカウント利用設定の確　❷ タップする

ドコモメール上で公式アカウントマークを表示します。

ドコモメール公式アカウントの設定　＞

| その他の設定

spモードのメールアドレスとiモードのメールアドレス

5 画面を上方向にスライドして、メールアドレスの変更方法をタップして選択します。ここでは [自分で希望するアドレスに変更する] をタップします。

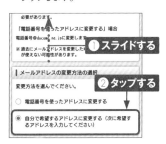

6 画面を上方向にスライドして、希望するメールアドレスを入力し、[確認する] をタップします。

7 [設定を確定する]をタップします。なお、[修正する] をタップすると、手順⑥の画面でアドレスを修正して入力できます。

8 メールアドレスが変更されました。◀ を何度かタップして、Webページを閉じます。

9 P.80手順③の画面に戻るので、[その他] → [マイアドレス] をタップします。

10 「マイアドレス」画面で [マイアドレス情報を更新] をタップし、更新が完了したら [OK] をタップします。

3

ドコモメールを利用する

Application

変更したメールアドレスで、ドコモメールを使ってみましょう。携帯電話とほとんど同じ感覚で、メールの閲覧や返信、新規作成が行えます。

■ ドコモメールを新規作成する

(1) ホーム画面で∨をタップします。

タップする

(2) 画面左下の [新規] をタップします。[新規] が表示されないときは、◀を何度かタップします。

タップする

(3) 新規メールの「作成」画面が表示されるので、回をタップします。「To」欄に直接メールアドレスを入力することもできます。

タップする

(4) 電話帳に登録した連絡先のアドレスが名前順に表示されるので、送信したい宛先をタップしてチェックを付け、[決定] をタップします。履歴から宛先を選ぶこともできます。

❶ タップする

❷ タップする

82

(5) 「件名」欄をタップして、タイトルを入力し、「本文」欄をタップします。

(6) メールの本文を入力します。

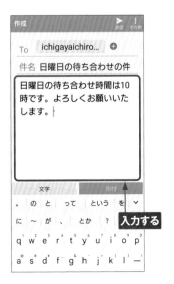

(7) ［送信］をタップすると、メールを送信できます。なお、［添付］をタップすると、写真などのファイルを添付できます。

MEMO 文字サイズの変更

ドコモメールでは、メール本文や一覧表示時の文字サイズを変更することができます。P.82手順②で画面右下の［その他］をタップし、［メール設定］→［表示カスタマイズ］→［文字サイズ設定］の順にタップし、好みの文字サイズをタップします。

■ 受信したメールを閲覧する

(1) メールを受信すると、ロック画面に通知が表示されるので、その通知をタップします。ホーム画面の場合は∨をタップします。

① タップする

② タップする

(2) 「フォルダ一覧」画面が表示されたら、[受信BOX]をタップします。

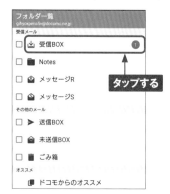

タップする

(3) 受信したメールの一覧が表示されます。内容を閲覧したいメールをタップします。

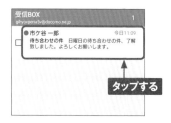

タップする

(4) メールの内容が表示されます。宛先横の⚪をタップすると、宛先のアドレスと件名が表示されます。

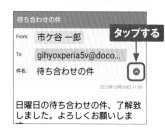

タップする

MEMO メールの削除

「受信BOX」画面で削除したいメールの左にある□をタップしてチェックを付け、画面下部のメニューから[削除]をタップすると、メールを削除できます。

タップする

受信したメールに返信する

(1) P.84を参考に受信したメールを表示し、画面左下の[返信]をタップします。

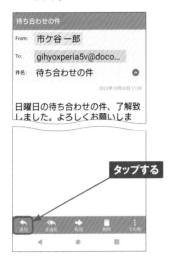

(2) 「作成」画面が表示されるので、相手に返信する本文を入力します。

(3) [送信]をタップすると、メールの返信が行えます。

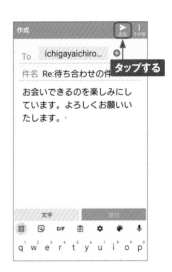

MEMO フォルダの作成

ドコモメールではフォルダでメールを管理できます。フォルダを作成するには、「フォルダ一覧」画面で画面右下の[その他]→[フォルダ新規作成]の順にタップします。

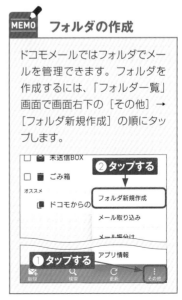

メールを自動振分けする

Application

ドコモメールは、送受信したメールを自動的に任意のフォルダへ振分けることも可能です。ここでは、振分けのルールの作成手順を解説します。

振分けルールを作成する

1 「フォルダー覧」画面で画面右下の [その他] をタップし、[メール振分け] をタップします。

フォルダ新規作成

■ ドコモからの

メール取り込み

メール振分け

メール設定

②タップする ヘルプ

クラウド利用状況確認

①タップする アプリ情報

2 「振分けルール」画面が表示されるので、[新規ルール] をタップします。

振分けルール
一覧

受信メール

振分けルールがありません

送信メール

振分けルールがありません

＋
新規ルール ← タップする

3 [受信メール]または [送信メール] (ここでは [受信メール]) をタップします。

ルールの適用対象

受信メール

送信メール

キャンセル

タップする

MEMO 振分けルールの作成

ここでは、「『件名』に『重要』というキーワードが含まれるメールを受信したら、自動的に『要確認』フォルダに移動させる」という振分けルールを作成しています。なお、手順③で [送信メール] をタップすると、送信したメールの振分けルールを作成できます。

④ 「振分け条件」の [新しい条件を追加する] をタップします。

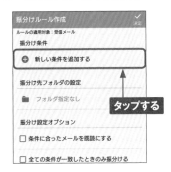

振分けルール作成
ルールの適用対象：受信メール
振分け条件
⊕ 新しい条件を追加する
振分け先フォルダの設定
📁 フォルダ指定なし　　　　タップする
振分け設定オプション
☐ 条件に合ったメールを既読にする
☐ 全ての条件が一致したときのみ振分ける

⑤ 振分けの条件を設定します。「対象項目」のいずれか（ここでは、[件名で振り分ける]）をタップします。

📁 フォルダ指定なし
対象項目
差出人で振り分ける　　　タップする
宛先で振り分ける
件名で振り分ける
グループで振り分ける
　　　　　　　　　　　　キャンセル

⑥ 任意のキーワード（ここでは「重要」）を入力して、[決定] をタップします。

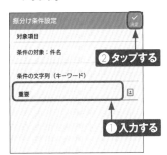

振分け条件設定
対象項目
条件の対象：件名　　　　②タップする
条件の文字列（キーワード）
重要　　　　　　　　　　📇
　　　　　　　　　　❶入力する

⑦ 手順④の画面に戻るので [フォルダ指定なし] をタップし、[振分け先フォルダを作る] をタップします。

ごみ箱
振分け先フォルダを作る
　　　　　　　　　タップする

⑧ フォルダ名（ここでは「要確認」）を入力し、[決定] をタップします。「確認」画面が表示されたら、[OK] をタップします。

②タップする
フォルダ名
要確認
アイコン選択
📁 ♥ ⚫ ★ 🏳 👑　❶入力する

3

⑨ [決定] をタップします。

振分けルール作成
ルールの適用対象：受信メール
振分け条件
1.「重要」を含む
　対象：件名　　　　　　　タップする
⊕ 新しい条件を追加する

⑩ 振分けルールが新規登録されます。

振分けルール
一覧
受信メール
☐ 1.[要確認]へ移動
　件名「重要」
送信メール
　　　振分けルールがありません
　　　振分けルールが登録される

87

迷惑メールを防ぐ

Application

ドコモメールでは、迷惑メール対策機能が用意されています。ここでは、ドコモがおすすめする内容で一括して設定してくれる「かんたん設定」の設定方法を解説します。利用は無料です。

■ 迷惑メール対策を設定する

① ホーム画面で✉をタップします。

② タップする

② 「フォルダ一覧」画面で画面右下の [その他] をタップし、[メール設定] をタップします。

② タップする
① タップする

③ [ドコモメール設定サイト] をタップします。アカウントやパスワードの確認画面が表示された場合は、画面の指示に従って認証を行います。

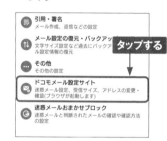

タップする

④ 「メール設定」画面で [かんたん設定] をタップします。

タップする

88

⑤ [受信拒否 強] もしくは [受信拒否 弱] をタップし、[確認する] をタップします。パソコンとのメールのやりとりがある場合は [受信拒否 強] だと必要なメールが届かなくなる場合があります。

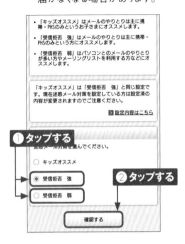

- 「キッズオススメ」はメールのやりとりは主に携帯・PHSのみというお子さまにオススメします。
- 「受信拒否 強」はメールのやりとりは主に携帯・PHSのみという方にオススメします。
- 「受信拒否 弱」はパソコンとのメールのやりとりが多い方やメーリングリストを利用する方などにオススメします。

「キッズオススメ」は「受信拒否 強」と同じ設定です。現在迷惑メール対策を設定している方は設定済の内容が変更されますのでご注意ください。

▷ 設定内容はこちら

❶ タップする
迷惑メール対策を選んでください。

○ キッズオススメ

◉ 受信拒否 強 ❷ タップする

○ 受信拒否 弱

確認する

⑥ 設定した内容を確認し、[設定を確定する] をタップします。

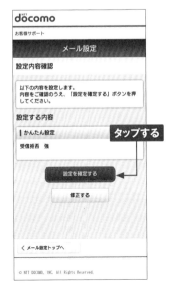

döcomo
お客様サポート
メール設定

設定内容確認

以下の内容を設定します。
内容をご確認のうえ、「設定を確定する」ボタンを押してください。

設定する内容

| かんたん設定 タップする

受信拒否 強

設定を確定する

修正する

< メール設定トップへ

© NTT DOCOMO, INC. All Rights Reserved.

⑦ 設定した内容の詳細が表示されます。

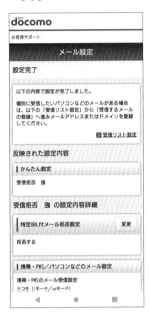

döcomo
お客様サポート
メール設定

設定完了

以下の内容で設定が完了しました。

個別に受信したいパソコンなどのメールがある場合は、以下の「受信リスト設定」から「受信するメールの登録」へ進みメールアドレスまたはドメインを登録してください。

▷ 受信リスト設定

反映された設定内容

| かんたん設定

受信拒否 強

受信拒否 強 の設定内容詳細

| 特定URL付メール拒否設定 変更

拒否する

| 携帯・PHS/パソコンなどのメール設定

携帯・PHSのメール受信設定
ドコモ（iモード/spモード）

3

MEMO 迷惑メールおまかせブロックとは

ドコモでは、迷惑メール対策の「かんたん設定」のほかに、迷惑メールを自動で判定してブロックする「迷惑メールおまかせブロック」という、より強力なサービスがあります。月額利用料金は220円ですが、これは「あんしんセキュリティ」の料金なので、同サービスを契約していれば、「迷惑メールおまかせブロック」のほか、ウイルス対策や危険サイト対策なども利用できます。

Application

＋メッセージを利用する

「＋メッセージ」アプリでは、携帯電話番号を宛先にして、テキストや写真などを送信できます。「+メッセージ」アプリを使用していない相手の場合は、SMSでやり取りが可能です。

＋メッセージとは

Xperia 5 Vでは、「＋メッセージ」アプリで＋メッセージとSMSが利用できます。＋メッセージでは文字が全角2,730文字、そのほかに100MBまでの写真や動画、スタンプ、音声メッセージをやり取りでき、グループメッセージや現在地の送受信機能もあります。パケットを使用するため、パケット定額のコースを契約していれば、とくに料金は発生しません。なお、SMSではテキストメッセージしか送れず、別途送信料もかかります。

また、＋メッセージは、相手も＋メッセージを利用している場合のみ利用できます。SMSと＋メッセージどちらが利用できるかは自動的に判別されますが、画面の表示からも判断することができます（下図参照）。

「＋メッセージ」アプリで表示される連絡先の相手画面です。＋メッセージを利用している相手には、♂が表示されます。プロフィールアイコンが設定されている場合は、アイコンが表示されます。

相手が＋メッセージを利用していない場合は、メッセージ画面の名前欄とメッセージ欄に「SMS」と表示されます（上図）。＋メッセージを利用している相手の場合は、何も表示されません（下図）。

■ ＋メッセージを利用できるようにする

① ホーム画面で［アプリ一覧ボタン］をタップし、［＋メッセージ］をタップします。初回起動時は、＋メッセージについての説明が表示されるので、内容を確認して、［次へ］をタップしていきます。

タップする

Chrome　Files　Play ストア　＋メッセージ　My Sony

② アクセス権限のメッセージが表示されたら、［次へ］→［許可］の順にタップします。

アクセス権限の設定

＋メッセージをご利用頂くには、「連絡先」「SMS」「データコピーアプリ連携」「ストレージ」「電話」へのアクセス許可が必要です

タップする

次へ

③ 利用条件に関する画面が表示されたら、内容を確認して、［同意する］をタップします。

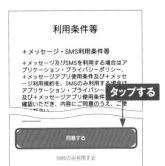

利用条件等

＋メッセージ・SMS利用条件等

＋メッセージ及びSMSを利用する場合はアプリケーション・プライバシーポリシー、＋メッセージアプリ使用条件及び＋メッセージ利用規約を、SMSのみ利用する場合はアプリケーション・プライバシー及び＋メッセージアプリ使用条件確認いただき、内容にご同意のうえ、ご使

タップする

同意する

SMSのみ利用する

④ 「＋メッセージ」アプリについての説明が表示されたら、左方向にスワイプしながら、内容を確認します。

スワイプする

大切なメッセージ
届いたことがわかります

相手がメッセージを確認すると
チェックマークがWチェックに変化
します

スキップ

⑤ 「プロフィール（任意）」画面が表示されます。名前などを入力し、［OK］→［閉じる］をタップします。プロフィールは、設定しなくてもかまいません。

プロフィール(任意)

プロフィールは、あなたが連絡先に登録している、またはメッセージを送信した相手にだけ公開されます。プロフィールはマイページからいつでも変更できます。

タップする

OK

⑥ 「メッセージ」画面が表示され、＋メッセージが利用できるようになります。

メッセージ　　Q　⋮

3

■ メッセージを送信する

1 P.91手順①を参考に「+メッセージ」アプリを起動します。新規にメッセージを作成する場合は 💬 をタップして、➕ をタップします。

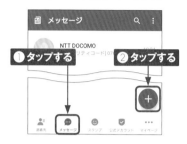

2 [新しいメッセージ] をタップします。

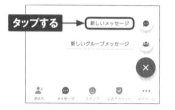

3 「新しいメッセージ」画面が表示されます。メッセージを送りたい相手をタップします。「名前や電話番号を入力」をタップし、電話番号を入力して、送信先を設定することもできます。

4 [メッセージを入力] をタップして、メッセージを入力し、➤ をタップします。

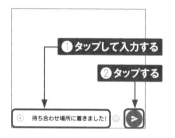

5 メッセージが送信され、画面の右側に表示されます。

MEMO 写真やスタンプの送信

「+メッセージ」アプリでは、写真やスタンプを送信することもできます。写真を送信したい場合は、手順④の画面で ⊕ → 🖼 の順にタップして、送信したい写真をタップして選択し、➤ をタップします。スタンプを送信したい場合は、手順④の画面で ☺ をタップして、送信したいスタンプをタップして選択し、➤ をタップします。

メッセージを返信する

(1) メッセージが届くと、ステータスバーに+メッセージの通知 🛈 が表示されます。ステータスバーを下方向にドラッグします。

(2) 通知パネルに表示されているメッセージの通知をタップします。

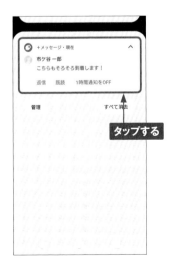

(3) 受信したメッセージが画面の左側に表示されます。メッセージを入力して、● をタップすると、相手に返信できます。

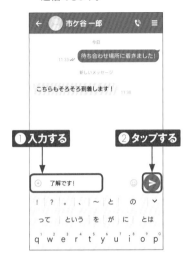

「メッセージ」画面からのメッセージ送信
MEMO

「+メッセージ」アプリで相手とやり取りすると、「メッセージ」画面にやり取りした相手が表示されます。以降は、「メッセージ」画面から相手をタップすることで、メッセージの送信が行えます。

3

Section **32**

Gmailを利用する

Application

Xperia 5 VにGoogleアカウントを登録しておけば（Sec.14参照）、すぐにGmailを利用することができます。パソコンのWebブラウザからも利用可能です（https://mail.google.com/）。

受信したメールを閲覧する

1 ホーム画面で［アプリ一覧ボタン］をタップし、［Google］フォルダをタップして、［Gmail］をタップします。「Gmailの新機能」画面が表示された場合は、［OK］→［GMAILに移動］→［許可］の順にタップします。

2 Google Meetに関する画面が表示されたら［OK］をタップすると、「受信トレイ」が表示されます。画面を上方向にスクロールして、読みたいメールをタップします。

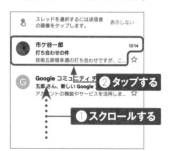

3 メールの差出人やメール受信日時、メール内容が表示されます。画面左上の←をタップすると、受信トレイに戻ります。なお、↰をタップすると、返信することもできます。

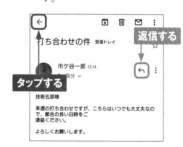

MEMO Googleアカウントの設定

Gmailを使用する前に、Sec.14の方法であらかじめXperia 5 Vに自分のGoogleアカウントを設定しましょう。パソコンなどですでにGmailを使用している場合は、受信トレイの内容がそのままXperia 5 Vでも表示されます。

94

メールを送信する

1 P.94を参考に「受信トレイ」を表示して、[作成] をタップします。

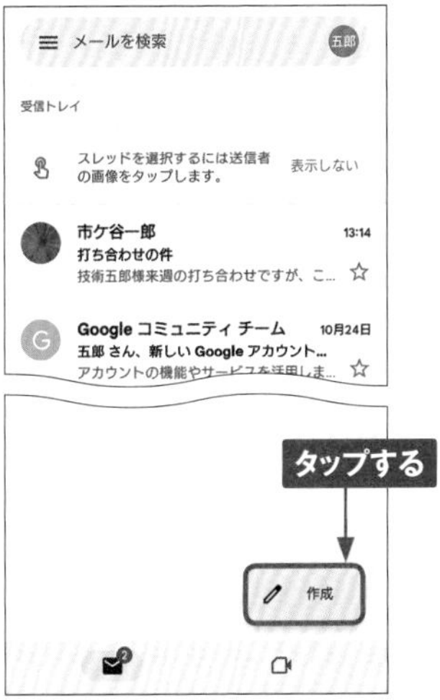
メールを検索
五郎
受信トレイ
スレッドを選択するには送信者の画像をタップします。
表示しない
市ケ谷一郎
13:14
打ち合わせの件
技術五郎様来週の打ち合わせですが、こ...
Google コミュニティ チーム
10月24日
五郎 さん、新しい Google アカウント...
タップする
作成

2 メールの「作成」画面が表示されます。[To] をタップし、メールアドレスを入力して [受信者を追加] をタップします。「連絡先」アプリ内の連絡先であれば、表示される候補をタップします。

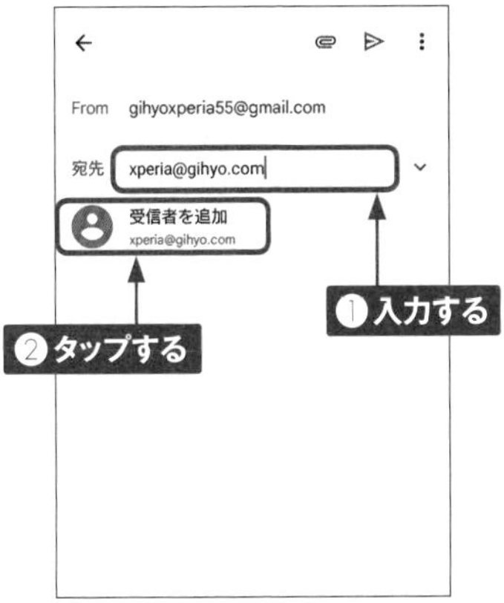
From gihyoxperia55@gmail.com
宛先 xperia@gihyo.com
受信者を追加
xperia@gihyo.com
①入力する
②タップする

3 件名とメールの内容を入力し、▷ をタップすると、メールが送信されます。

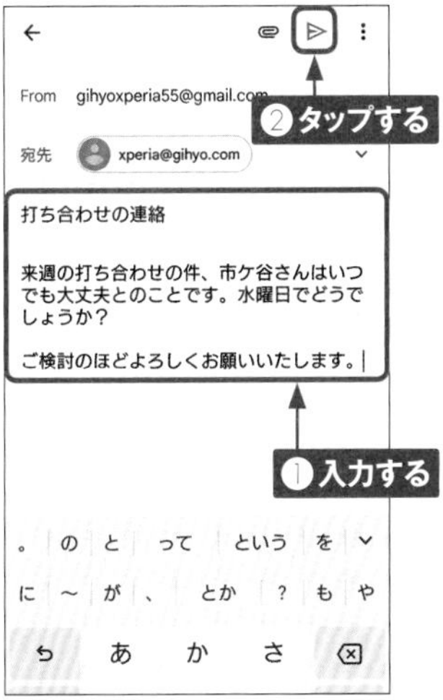
From gihyoxperia55@gmail.com
②タップする
宛先 xperia@gihyo.com
打ち合わせの連絡
来週の打ち合わせの件、市ケ谷さんはいつでも大丈夫とのことです。水曜日でどうでしょうか?
ご検討のほどよろしくお願いいたします。
①入力する
。 の と って という を
に 〜 が 、 とか ? も や
あ か さ

MEMO ビデオ会議の利用

P.95手順①の画面右下の □ をタップすると、Googleの提供するビデオ会議サービス「Google Meet」が利用できます(P.114参照)。

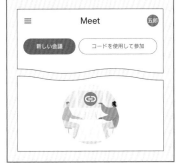

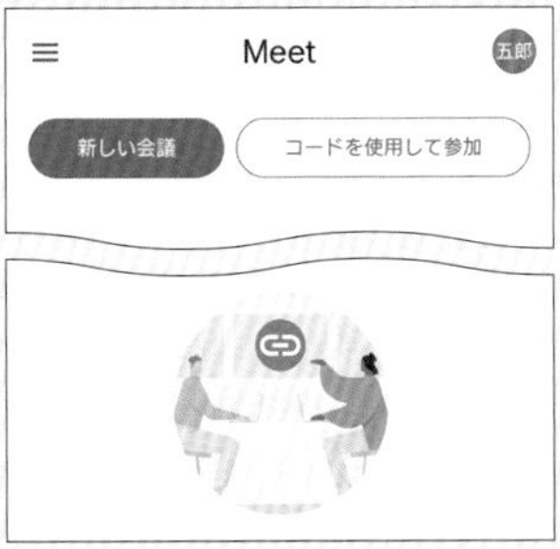
Meet
五郎
新しい会議
コードを使用して参加

3

PCメールを設定する

Application

「Gmail」アプリを利用すれば、パソコンで使用しているメールを送受信することができます。ここでは、PCメールの追加方法を解説します。

PCメールを設定する

1 あらかじめ、プロバイダーメールなどのアカウント情報を準備しておきます。「Gmail」アプリを起動し、P.94手順②の画面で画面左端から右方向にフリックし、[設定]をタップします。

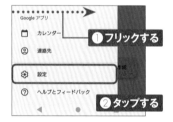

① フリックする
② タップする

2 [アカウントを追加する]をタップします。

タップする

3 [その他]をタップします。

タップする

MEMO アカウント設定時の注意点

手順③の画面では、OutlookやYahoo、Exchangeなどのアカウント名をタップすることで、該当するアカウントをユーザー名とパスワードの入力だけで設定できます。なお、Yahoo!メールのアカウントは設定できないことがあるので、その場合は[その他]からPCメールと同様の手順で設定してください。

④ PCメールのメールアドレスを入力して、[次へ]をタップします。

⑤ アカウントの種類を選択します。ここでは、[個人用（POP3）]をタップします。

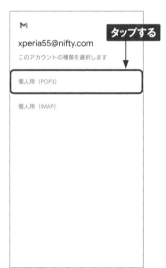

⑥ パスワードを入力して、[次へ]をタップします。

⑦ ユーザー名や受信サーバーを入力して、[次へ]をタップします。

3

⑧ ユーザー名や送信サーバーを入力して、[次へ] をタップします。

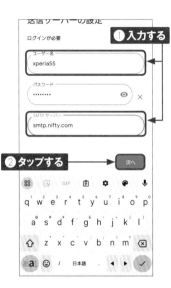

⑨ 「アカウントのオプション」画面が設定されます。[次へ] をタップします。

⑩ アカウントの設定が完了します。[次へ] をタップします。

Googleのサービスを
使いこなす

Google Playで
アプリを検索する

Application

Xperia 5 Vは、Google Playに公開されているアプリをインストールすることで、さまざまな機能を利用することができます。まずは、目的のアプリを探す方法を解説します。

アプリを検索する

1 ホーム画面で [Playストア] をタップします。初回起動時は [OK] をタップします。

2 「Playストア」アプリが起動するので、[アプリ] をタップし、[カテゴリ] をタップします。

3 アプリのカテゴリが表示されます。画面を上下にスクロールします。

4 見たいジャンル (ここでは [ツール]) をタップします。

5 「ツール」のアプリが表示されます。上方向にスクロールし、「人気のツールアプリ（無料）」の→をタップします。

6 「無料」のアプリが一覧で表示されます。詳細を確認したいアプリをタップします。

7 アプリの詳細な情報が表示されます。上方向にスクロールするとユーザーレビューも読めます。

MEMO　キーワードでの検索

Google Playでは、キーワードからアプリを検索できます。検索機能を利用するには、手順②の画面で画面上部の検索ボックスをタップしてキーワードを入力し、キーボードの🔍をタップします。

アプリをインストール・アンインストールする

Application

Google Playで目的の無料アプリを見つけたら、インストールしてみましょう。なお、不要になったアプリは、Google Playからアンインストール（削除）できます。

アプリをインストールする

(1) Google Playでアプリの詳細画面を表示し（P.101手順⑥〜⑦参照）、[インストール] をタップします。

(3) アプリのインストールが行われます。アプリを起動するには、[開く] をタップするか、アプリ一覧画面に追加されたアイコンをタップします。

(2) 初回は「アカウント設定の完了」画面が表示されるので、[次へ] をタップします。支払い方法の選択では [スキップ] をタップします。

MEMO　有料アプリの購入

有料アプリを購入する場合は、手順①の画面で価格が表示されたボタンをタップします。その後、[NTT DOCOMO払いを追加] をタップして通話料金と一緒に支払ったり、[カードを追加] をタップしてクレジットカードで支払ったり、[コードの利用] をタップしてコンビニなどで販売されている「Google Playギフトカード」で支払ったりすることができます。

■ アプリをアップデートする／アンインストールする

●アプリをアップデートする

1 「Google Play」のトップ画面で右上のアカウントアイコンをタップし、表示されるメニューの [アプリとデバイスの管理] をタップします。

2 アップデート可能なアプリがある場合、「利用可能なアップデートがあります」と表示されます。[すべて更新]をタップすると、すべてのアプリが一括で更新されます。

●アプリをアンインストールする

1 左記手順②の画面で [管理] をタップし、アンインストールしたいアプリをタップします。

2 アプリの詳細が表示されます。[アンインストール] をタップし、[アンインストール] をタップするとアンインストールされます。

4

MEMO **ドコモのアプリのアップデートとアンインストール**

ドコモから提供されているアプリは、上記の方法ではアップデートやアンインストールが行えないことがあります。詳しくは、P.121を参照してください。

Googleマップを使いこなす

Application

Googleマップを利用すれば、自分の今いる場所や、現在地から目的地までの道順を地図上に表示できます。なお、Googleマップのバージョンによっては、本書と表示内容が異なる場合があります。

「マップ」アプリを利用する準備を行う

1 P.20を参考に「設定」アプリを起動して、[位置情報]をタップします。

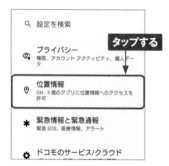

2 [位置情報を使用]が⬤の場合はタップします。位置情報についての同意画面が表示されたら、[同意する]をタップします。

3 ⬤に切り替わったら、[位置情報サービス]をタップします。

4 「Google位置情報の精度」「Wi-Fiスキャン」「Bluetoothのスキャン」の設定がONになっていると位置情報の精度が高まります。その分バッテリーを消費するので、タップして設定を変更することもできます。

現在地を表示する

1 ホーム画面で[アプリ一覧ボタン]をタップし、[マップ]をタップします。

2 「マップ」アプリが起動します。◇をタップします。

3 初回はアクセス許可の画面が表示されるので、[正確]をタップし、[アプリの使用時のみ]をタップします。

4 現在地が表示されます。地図の拡大はピンチアウト、縮小はピンチインで行います。スクロールすると表示位置を移動できます。

4

① 施設を検索したい場所を表示し、検索ボックスをタップします。

③ 該当する施設が一覧で表示されます。上下にスクロールして、表示したい施設名をタップします。

② 探したい施設名などを入力し、Q をタップします。

④ 選択した施設の情報が表示されます。上下にスクロールすると、より詳細な情報を表示できます。

目的地までのルートを検索する

(1) P.106を参考に目的地を表示し、[経路]をタップします。

(2) 移動手段（ここでは🚃）をタップします。出発地を現在地から変えたい場合は、[現在地]をタップして変更します。ルートが一覧表示されるので、利用したいルートをタップします。

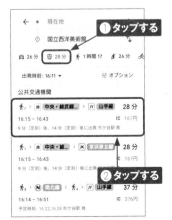

(3) 目的地までのルートが地図で表示されます。画面下部を上方向へスクロールします。

(4) ルートの詳細が表示されます。下方向へスクロールすると、手順④の画面に戻ります。◁を何度かタップすると、地図に戻ります。

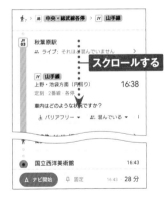

MEMO ナビの利用

手順④の画面に表示される［ナビ開始］をタップすると、目的地までのルートを音声ガイダンス付きで案内してくれます。

Googleアシスタントを利用する

Application

Xperia 5 Vでは、Googleの音声アシスタントサービス「Google アシスタント」を利用できます。キーワードによる検索やXperia 5 Vの設定変更など、音声でさまざまな操作をすることができます。

Googleアシスタントを利用する

1 電源キー／指紋センサーを長押しするか、○をロングタッチします。

ロングタッチする

2 Googleアシスタントの開始画面が表示され、Googleアシスタントが利用できるようになります。

「明日の天気を教えて」

MEMO Googleアシスタントから利用できないアプリ

Googleアシスタントで「○○さんにメールして」と話しかけると、「Gmail」アプリ（P.94参照）からメールを送信することができますが、ドコモの「ドコモメール」アプリ（P.78参照）からは送信できません。GoogleアシスタントではsGoogleのアプリが優先されるので、ドコモなどの一部のアプリはGoogleアシスタントからは利用できないことがあります。

Googleアシスタントへの問いかけ例

Googleアシスタントを利用すると、キーワードによる検索だけでなく予定やリマインダーの設定、電話やメールの発信など、さまざまなことが、Xperia 5 Vに話しかけるだけで行えます。まずは、「何ができる?」と聞いてみましょう。

● 調べ物

「東京スカイツリーの高さは?」
「大谷翔平の身長は?」

● スポーツ

「次のオリンピックはいつ?」
「セントラルリーグの順位表は?」

● 経路案内

「最寄りの駅まで案内して」

● 楽しいこと

「パンダの鳴き声を教えて」
「コインを投げて」

● 設定

「アラームを設定して」

MEMO 音声でGoogleアシスタントを起動

自分の音声を登録すると、Xperia 5 Vの起動中に「OK Google (オーケーグーグル)」もしくは「Hey Google (ヘイグーグル)」と発声して、すぐにGoogleアシスタントを使うことができます。P.20を参考に「設定」アプリを起動し、[Google] → [Googleアプリの設定] → [検索、アシスタントと音声] → [Googleアシスタント] → [OK GoogleとVoice Match] → [Hey Google] の順にタップして有効にし、画面に従って音声を登録します。

紛失したXperia 5 Vを探す

Application

Xperia 5 Vを紛失してしまっても、パソコンからXperia 5 Vがある場所を確認できます。この機能を利用するには事前に位置情報の使用を有効にしておく必要があります（P.104参照）。

■ 「デバイスを探す」を設定する

1 ホーム画面で［アプリ一覧ボタン］をタップし、［設定］をタップします。

2 ［セキュリティ］をタップします。

3 ［デバイスを探す］をタップします。

4 ⬜️の場合は［「デバイスを探す」を使用］をタップして⬤にします。

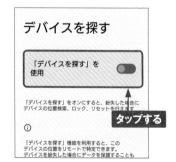

■ パソコンでXperia 5 Vを探す

① パソコンのWebブラウザ でGoogleの「Google デバイスを探す」(https: //android.com/find) にアクセスします。

② ログイン画面が表示され たら、Sec.14で設定し たGoogleアカウントを 入力し、[次へ] をクリッ クします。パスワードの 入力を求められたらパス ワードを入力し、[次へ] をクリックします。

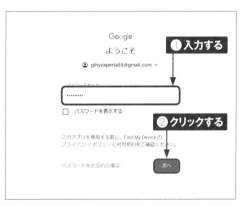

③ 「Googleデバイスを探 す」画面で [同意する] をクリックすると、Xperia 5 Vのおおまかな位置 が地図で表示されます。 画面左の項目をクリック すると、音を鳴らしたり、 ロックをかけたり、Xperia 5 V内のデータを消去し たりできます。

YouTubeで
世界中の動画を楽しむ

世界最大の動画共有サイトであるYouTubeでは、さまざまな動画
を検索して視聴することができます。横向きでの全画面表示や、
一時停止、再生速度の変更なども行えます。

YouTubeの動画を検索して視聴する

(1) ホーム画面で［アプリ一覧ボタン］
をタップし、［Google］フォルダを
タップして、［YouTube］をタップ
します。

(2) 通知や新機能に関する画面が表
示された場合は、画面の指示に
従ってタップします。YouTubeの
トップページが表示されるので、
Qをタップします。

(3) 検索したいキーワード（ここでは
「国立西洋美術館」）を入力して、
Qをタップします。

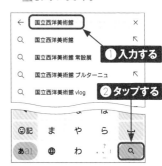

(4) 検索結果一覧の中から、視聴し
たい動画のサムネイルをタップしま
す。

5 動画の再生が始まります。画面をタップします。

6 メニューが表示されます。Ⅱをタップすると一時停止します。▣をタップすると横向きの全画面表示になります。∨をタップします。

7 再生画面が画面下にウィンドウ化して表示され、動画を視聴しながら別の動画をタップして選択できます。再生を終了するには、◁を何度かタップしてアプリを終了します。

YouTubeの操作（全画面表示の場合）

再生画面のウィンドウ化

自動再生のオン／オフ

字幕のオン／オフ

画質や再生速度の切り替え

通常表示／全画面表示の切り替え

4

MEMO そのほかのGoogleサービスアプリ

本章で紹介したもの以外にも、たくさんのGoogleサービスのアプリが公開されています。無料で利用できるものも多いので、Google Playからインストールして試してみてください。

Google翻訳

100種類以上の言語に対応した翻訳アプリ。音声入力やカメラで撮影した写真の翻訳も可能。

Google Meet

無料版では最大100名で60分までのビデオ会議が行えるアプリ。「Gmail」アプリからも利用可能。

Googleドライブ

無料で15GBの容量が利用できるオンラインストレージアプリ。ファイルの保存・共有・編集ができる。

Googleカレンダー

Web上のGoogleカレンダーと同期し、同じ内容を閲覧・編集できるカレンダーアプリ。

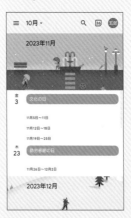

ドコモのサービスを
利用する

dメニューを利用する

Xperia 5 Vでは、NTTドコモのポータルサイト「dメニュー」を利用できます。dメニューでは、ドコモのさまざまなサービスにアクセスしたり、Webページやアプリを探したりすることができます。

■ メニューリストからWebページを探す

(1) ホーム画面で [dメニュー] をタップします。「dメニューお知らせ設定」画面が表示された場合は、[OK] をタップします。

(2) 「Chrome」アプリが起動し、dメニューが表示されます。画面左上の≡をタップします。

(3) [メニューリスト] をタップします。

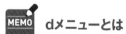

会員情報の確認・編集	>
dポイント利用者情報・配送先情報	
決済サービスご利用明細／d払いのdポイント利用設定	>
iモード決済・d払い	

dmenu

お知らせ

ニュース

天気

タップする

災害情報

乗換/運行情報

メニューリスト

マイメニュー

設定 (地域・占い・きせかえ等)

MEMO dメニューとは

dメニューは、ドコモのスマートフォン向けのポータルサイトです。ドコモおすすめのアプリやサービスなどをかんたんに検索したり、利用料金の確認などができる「My docomo」(P.118参照) にアクセスしたりできます。

④ 画面を上方向にスクロールし、閲覧したいWebページのジャンルをタップします。

⑤ 一覧から、閲覧したいWebページのタイトルをタップします。アクセス許可が表示された場合は、[許可]をタップします。

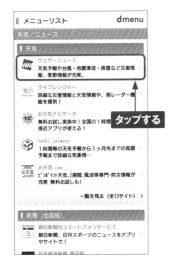

⑥ 目的のWebページが表示されます。◀を何回かタップすると一覧に戻ります。

MEMO マイメニューの利用

P.116手順③で[マイメニュー]をタップしてdアカウントでログインすると、「マイメニュー」画面が表示されます。登録したアプリやサービスの継続課金一覧、dメニューから登録したサービスやアプリを確認できます。

My docomoを利用する

Application

My docomo

「My docomo」アプリでは、契約内容の確認・変更などのサービスが利用できます。利用の際には、dアカウントのパスワードやネットワーク暗証番号（P.42参照）が必要です。

データ通信量や利用料金を確認する

① ホーム画面やアプリ一覧画面で[My docomo]をタップします。表示されていない場合は、P.102を参考にGoogle Playからインストールします。各種許可の画面が表示されたら、画面の指示に従って設定します。

タップする

② [規約に同意して利用を開始]をタップし、[dアカウントでログイン]をタップします。

△ドコモからのお知らせ

My docomo

タップする

ご利用のdアカウントでログインしてください。
ログインしたdアカウントはMy docomoアプリに登録されます。

d dアカウントでログイン

※アカウントを登録すると、ご利用状況やご契約内容が閲覧可能となります。お客さま本人以外が利用／共有する端末の場合はアプリにパスコードを設定するなど、十分にご注意ください。

③ パスキーに関する画面が表示されたら、[OK]をタップします。

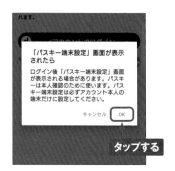

れます。

「パスキー端末設定」画面が表示されたら

ログイン後「パスキー端末設定」画面が表示される場合があります。パスキーは本人確認のために使います。パスキー端末設定は必ずdアカウント本人の端末だけに設定してください。

キャンセル　OK

タップする

④ dアカウントのログイン画面が表示されたら、画面の指示に従ってログインします。

× dアカウント・ログイン
cfg.amt.docomo.ne.jp

ログイン　　　　dアカウント

❶入力する

dアカウントのID

gihyoxperia55

次へ

© 2023 NTT DOCOMO, INC. All Rights Reserved.

❷タップする

⑤ 「通知の受け取り」画面が表示されたら、ここでは[今はしない]をタップします。

通知の受け取り

このアカウントで通知を受信しますか？
・ご利用状況のお知らせ
・ドコモからのお知らせ、おトク情報

※後からアプリ設定で設定を変更することもできます。

タップする

通知を受け取る

今はしない

ご利用料金

10月ご利用分　8,154円

詳細を確認

⑥ アプリのバックグラウンド実行に関する画面が表示されたら、ここでは[許可しない]をタップします。

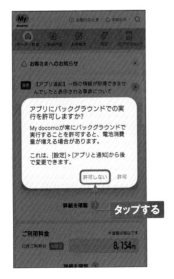

△ お客さまへのお知らせ　✕

【アプリ追記】一部の情報が取得できませんでしたと表示される事象について

アプリにバックグラウンドでの実行を許可しますか？

My docomoが常にバックグラウンドで実行することを許可すると、電池消費量が増える場合があります。

これは、[設定] > [アプリと通知]から後で変更できます。

許可しない　許可

詳細を確認　**タップする**

ご利用料金　※金額は税込です

10月ご利用分　8,154円

詳細を確認

⑦ 「パスコードロック機能の設定」画面が表示されたら、ここでは[今はしない]をタップします。

パスコードロック機能の設定

アプリ起動時にパスコードを設定することができます

※後からアプリ設定で設定を変更することもできます。

タップする

設定する

今はしない

ご利用料金　8,154円

詳細を確認

⑧ 「My docomo」アプリのホーム画面が表示され、データ通信量や利用料金が確認できます。

My docomo　⊙ お困りのとき　△ お知らせ　Q

データ・料金　ご契約内容　お手続き　設定　オンラインショップ

データ通信量　5Gギガライト

次のステップまで 0.11GB

~1g　~3g　~5g　~7g

詳細を確認 >

ご利用料金　※金額は税込です

10月ご利用分　未確定　8,160円

詳細を確認 >

dポイント
まもなく失効するポイント 2023年11月3日 : 1 P

☆ 1つ星　3,061p

料金プランやオプション契約を確認・変更する

●料金プランを変更する

(1) P.36を参考にWi-Fiをオフにしておきます。P.119手順⑧の画面で［お手続き］→［契約・料金］→［契約プラン／料金プラン変更］→［お手続きする］の順にタップします。

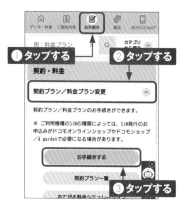

(2) dアカウントのログイン画面が表示された場合はログインすると、契約中の料金プランの確認と変更が行えます。

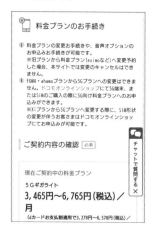

●オプション契約を変更する

(1) P.36を参考にWi-Fiをオフにしておきます。P.119手順⑧の画面で［お手続き］→［オプション］の順にタップします。

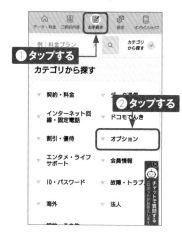

(2) 有料オプションの一覧が表示されます。オプション名をタップし、［お手続きする］をタップすることで、オプションの契約や解約が行えます。

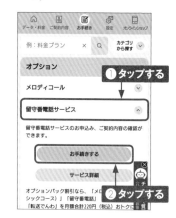

ドコモのアプリを
アップデートする

Application

ドコモから提供されているアプリの一部は、Google Playではアップデートできない場合があります（P.103参照）。ここでは、「設定」アプリからドコモアプリをアップデートする方法を解説します。

ドコモのアプリをアップデートする

1 P.20を参考に「設定」アプリを起動して、[ドコモのサービス/クラウド] → [ドコモアプリ管理] の順にタップします。

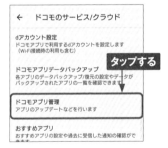

← ドコモのサービス/クラウド

dアカウント設定
ドコモアプリで利用するdアカウントを設定します
（Wi-Fi接続時の利用も含む）

ドコモアプリデータバックアップ **タップする**
各アプリのデータバックアップ/復元の設定やデータが
バックアップされたアプリの一覧を確認できます

ドコモアプリ管理
アプリのアップデートなどを行います

おすすめアプリ
おすすめアプリの設定や過去に受信した通知の確認がで

2 パスワードを求められたら、パスワードを入力して[OK]をタップします。アップデートできるドコモアプリの一覧が表示されるので、[すべてアップデート]をタップします。

← ドコモアプリ管理

アップデート　　契約中サービス　　再インス

＋ すべてアップデート

Disney DX
ウォルト・ディズニー・ジ

タップする

my daiz
NTT DOCOMO

3 それぞれのアプリで「ご確認」画面が表示されたら、[同意する]をタップします。

ID、dアカウントまたはビジネスdアカウントの
パスワード **タップする**
・電話番号、端末固有ID、端末識別
・アルバム名

同意しない　同意する

4 「複数アプリのダウンロード」画面が表示されたら、[今すぐ]をタップします。アプリのアップデートが開始されます。

複数アプリのダウンロード **タップする**

アプリサイズ：527.86MB
データ通信量が発生する可能性があります。

☐ 今後この確認を表示しない

Wi-Fi接続時　今すぐ

MEMO ドコモアプリの アンインストール

ドコモのアプリをアンインストールしたい場合は、P.153を参考にホーム画面でアイコンをロングタッチし、[アプリ情報] → [アンインストール]をタップします。

5

Application

d払い

d払いを利用する

「d払い」は、ドコモが提供するキャッシュレス決済サービスです。
お店でバーコードを見せるだけでスマホ決済を利用できるほか、
Amazonなどのネットショップの支払いにも利用できます。

■ d払いとは

「d払い」は、以前からあった「ドコモケータイ払い」を拡張して、ドコモ回線ユーザー以外
も利用できるようにした決済サービスです。ドコモユーザーの場合、支払い方法に電話料金
合算払いを選べ、より便利に使えます（他キャリアユーザーはクレジットカードが必要）。

バーコードを見せるか読み取ることで、キャッシュレス決済が可能です。支払い方法は、電話料金合算払い、d払い残高（ドコモ口座）、クレジットカードから選べるほか、dポイントを使うこともできます。

[クーポン] をタップすると、店頭で使える割り引きなどのクーポンの情報が一覧表示されます。ポイント還元のキャンペーンはエントリー操作が必須のものが多いので、こまめにチェックしましょう。

🟩 d払いの初期設定を行う

① Wi-Fiに接続している場合はP.36を参考にオフにしてから、ホーム画面で［d払い］をタップします。アップデートが必要な場合は、［アップデート］をタップしてアップデートします。

タップする

② サービス紹介画面で［次へ］を2回タップし、［はじめる］→［OK］→［アプリの使用時のみ］の順にタップします。

タップする

次へ
スキップ

③ 「ご利用規約」画面をよく読み、［同意して次へ］をタップします。

ます。
・本アプリケーションの初期設定で、本アプリケーションで提供する機能およびd払い（ネット）に関するキャンペーン等お得な情報の通知設定を行っていただきます。
通知が不要のお客さまは、「お得な情報を通知で受け取る」のチェックボックスを外してください。
また、スーパーができます。ドコモからのメッセージ機能（メッセージCRM）につきましてはドコモからのメッセージのみ通知を受け取ることが可能です。ドコモからのメッセージの通知が不要のお客さまは、メッセージBOX内で「メッセージを受け取る」
ることで通知を受けられなくなります。
・本アプリケーションでは、お客さまが行った決済の情報（注文情報、商品等の説明など）をスーパー販促プログラムにおけるメッセージ機能（メッセージCRM）においてレシートメッセージとして受け取ることが可能です。   **タップする**

同意して次へ

④ ログイン画面が表示されたら、画面の指示に従ってログインします。

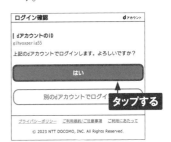

ログイン確認　　　　　　　dアカウント
| dアカウントのID
gihyoxperia55
上記のdアカウントでログインします。よろしいですか？

はい

別のdアカウントでログイ　タップする

プライバシーポリシー　ご利用規約/ご注意事項　ご利用にあたって
© 2023 NTT DOCOMO, INC. All Rights Reserved.

5

⑤ 「ご利用設定」画面で設定を行い［許可］→［次へ］をタップします。使い方の説明で［次へ］を何度かタップして［さあ、d払いをはじめよう!］をタップすると、利用設定が完了します。

タップする

さあ、d払いをはじめよう！　❯

📖 使い方をもっとみる

MEMO　dポイントカード

「d払い」アプリの「ホーム」画面でバーコードをタップすると、dポイントカードのバーコードが表示されます。dポイントカードが使える店では、支払い前にdポイントカードを見せて、d払いで支払うことで、二重にdポイントを貯めることが可能です。

Section **44**

マイマガジンで
ニュースを読む

Application

マイマガジンは、さまざまなニュースをジャンルごとに選んで読むことができるサービスです。読むニュースの傾向に合わせて、より自分好みの情報が表示されるようになります。

好きなニュースを読む

1 ホーム画面で ▤ をタップします。

タップする

2 初回は「マイマガジンへようこそ」画面が表示されるので、[規約に同意してはじめる] をタップします。

タップする

3 画面を左右にスワイプして、ニュースのジャンルを切り替え、読みたいニュースをタップします。

①スワイプする
②タップする

4 ニュースの一部が表示されます。[元記事サイトへ] をタップします。

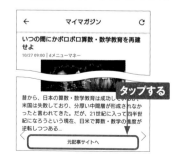

タップする

124

⑤ 元記事のあるWebページが表示され、全文を読むことができます。←をタップしてニュースの一覧画面に戻ります。

⑦ 画面下の［ライフ］をタップすると、クーポン、dポイントが当たるキャンペーン情報などのお得な情報が表示されます。

⑥ 画面下の［カルチャー］をタップすると、ファッションや動物、映画などの記事が性別や年齢別のランキングで表示されます。

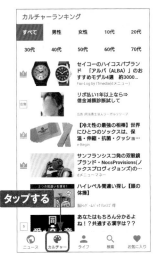

⑧ 画面下の［検索］をタップすると、指定したキーワードに関する記事を検索することができます。

そのほかのドコモサービスアプリ

本章で紹介したもの以外にも、たくさんのドコモサービスのアプリが公開されています。ここでは、Xperia 5 Vにインストールされているアプリを紹介します。そのほかにも、Google Playなどからインストールすることができます。

dポイント

ポイントを溜めて買い物ができるサービス。アプリからミッションを達成してポイントをもらうこともできる。

Lemino

月額990円のサブスクリプション型動画配信サービス。映画やドラマの新作など豊富なラインナップを楽しめる。

ドコモデータコピー

電話帳やスケジュールなどのデータをかんたんな操作でmicroSDカードにバックアップ／復元できる。機種変更時のデータ移行も可能。

my daiz

ユーザーの生活に合わせて天気予報や交通情報、ニュースなどを表示。ホーム画面の右スワイプでも同様の内容を表示できる（my daiz now）。

音楽や写真・動画を楽しむ

パソコンから音楽・写真・動画を取り込む

Application

Xperia 5 VはUSB Type-Cケーブルでパソコンと接続して、本体メモリやmicroSDカードに各種ファイルを転送することができます。お気に入りの音楽や写真、動画を取り込みましょう。

パソコンとXperia 5 Vを接続する

(1) パソコンとXperia 5 VをUSB Type-Cケーブルで接続します。パソコンでドライバーソフトのインストール画面が表示された場合はインストール完了まで待ちます。Xperia 5 Vのステータスバーを下方向にドラッグします。

(2) [このデバイスをUSBで充電中] をタップします。

(3) 通知が展開されるので、再度 [このデバイスをUSBで充電中] をタップします。

(4) 「USBの設定」画面が表示されるので、[ファイル転送] をタップすると、パソコンからXperia 5 Vにデータを転送できるようになります。

■ パソコンからファイルを転送する

1 パソコンでエクスプローラーを開き、「PC」にある [SO-53D] をクリックします。

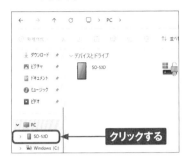

クリックする

2 [内部共有ストレージ] をダブルクリックします。microSDカードを Xperia 5 Vに挿入している場合は、「SDカード」と「内部共有ストレージ」が表示されます。

ダブルクリックする

3 Xperia 5 V内のフォルダやファイルが表示されます。

表示される

4 パソコンからコピーしたいファイルやフォルダをドラッグします。ここでは、音楽ファイルが入っている「音楽」というフォルダを「Music」フォルダにコピーします。

ドラッグする

5 コピーが完了したら、パソコンからUSB Type-Cケーブルを外します。画面はコピーしたファイルを Xperia 5 Vの「ミュージック」アプリで表示したところです。

音楽を聴く

Application

本体内に転送した音楽ファイル（P.129参照）は「ミュージック」アプリで再生することができます。ここでは、「ミュージック」アプリでの再生方法を紹介します。

■ 音楽ファイルを再生する

(1) アプリ一覧画面で［Sony］フォルダをタップして、［ミュージック］をタップします。初回起動時は、［許可］をタップします。

(2) ホーム画面が表示されます。画面左上の≡をタップします。

(3) メニューが表示されるので、ここでは［アルバム］をタップします。

(4) 端末に保存されている楽曲がアルバムごとに表示されます。再生したいアルバムをタップします。

⑤ アルバム内の楽曲が表示されます。ハイレゾ音源（P.132参照）の場合は、曲名の右に「HR」と表示されています。再生したい楽曲をタップします。

⑥ 楽曲が再生され、画面下部にコントローラーが表示されます。サムネイル画像をタップすると、ミュージックプレイヤー画面が表示されます。

タップする

タップする

ミュージックプレイヤー画面の見方

タップすると、手順⑥の画面を表示します。

楽曲情報の表示などができます。

楽曲名、アーティスト名が表示されます。タップすると、次に再生する楽曲が一覧で表示されます。

アルバムアートワークがあればジャケットが表示されます。左右にスワイプすると、次曲／前曲を再生できます。

左右にドラッグすると、楽曲の再生位置を調整できます。

プレイリストに追加できます。

楽曲の経過時間が表示されます。

楽曲の全体時間が表示されます。

各ボタンをタップして、楽曲の再生操作を行えます。

6

ハイレゾ音源を再生する

「ミュージック」アプリでは、ハイレゾ音源を再生することができます。また、設定により、通常の音源でもハイレゾ相当の高音質で聴くことができます。

ハイレゾ音源の再生に必要なもの

Xperia 5 Vでは、本体上部のヘッドセット接続端子にハイレゾ対応のヘッドホンやイヤホンを接続したり、ハイレゾ対応のBluetoothヘッドホンを接続したりすることで、高音質なハイレゾ音楽を楽しむことができます。

ハイレゾ音源は、Google Play（P.100参照）でインストールできる「mora」アプリやインターネット上のハイレゾ音源販売サイトなどから購入することができます。ハイレゾ音源の音楽ファイルは、通常の音楽ファイルに比べてファイルサイズが大きいので、microSDカードを利用して保存するのがおすすめです。

また、ハイレゾ音源ではない音楽ファイルでも、DSEE Ultimateを有効にすることで、ハイレゾ音源に近い音質（192kHz/24bit）で聴くことが可能です（P.133参照）。

「mora」の場合、Webサイトのストアでハイレゾ音源の楽曲を購入し、「mora」アプリでダウンロードを行います。

MEMO 音楽ファイルをmicroSDカードに移動するには

本体メモリ（内部共有ストレージ）に保存した音楽ファイルをmicroSDカードに移動するには、「設定」アプリを起動して、[ストレージ] → [音声] → [続行] の順にタップします。移動したいファイルをロングタッチして選択したら、⋮ →[移動] → [SDカード] →転送したいフォルダ→ [ここに移動] の順にタップします。これにより、本体メモリの容量を空けることができます。

通常の音源をハイレゾ音源並の高音質で聴く

① P.20を参考に［設定］アプリを起動して、［音設定］→［オーディオ設定］の順にタップします。

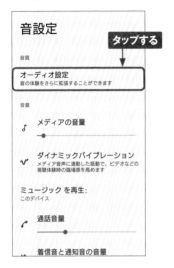

② ［DSEE Ultimate］をタップして、⬤を⬤に切り替えます。

MEMO DSEE Ultimateとは

DSEEはソニー独自の音質向上技術で、音楽や動画・ゲームの音声を、ハイレゾ音質に変換して再生することができます。MP3などの音楽のデータは44.1kHzまたは48kHz/16bitで、さらに圧縮されて音質が劣化していますが、これをAI処理により補完して192kHz/24bitのデータに拡張してくれます。DSEE Ultimateではワイヤレス再生にも対応しており、LDACに対応したBluetoothヘッドホンでも効果を体感できます。

MEMO ダイナミックバイブレーションと立体音響

Xperia 5 Vにはダイナミックバイブレーションという機能があり、音楽や動画の再生時に音に合わせて本体が振動します。手順①の画面で［ダイナミックバイブレーション］をタップすると、オン/オフの設定が可能です。また、手順②の画面で［360 Upmix］をタップしてオンにすると、ヘッドホン限定で通常の音楽ファイルを立体音響で楽しむことができます。なお、［Dolby Sound］をオンにすると、動画やゲームなどのサウンドも立体的に鳴らすことが可能です。

6

「Photo Pro」で 写真や動画を撮影する

Application

Xperia 5 Vでは、「Photography Pro」（以降「Photo Pro」と表記）アプリで写真や動画を撮影することができます。ここでは、基本的な操作方法を解説します。

「Photo Pro」アプリを起動する

① ホーム画面で［Photo Pro］をタップし、［許可］をタップします。本体を横向きにし、初回起動時は説明が表示されるので、［次へ］をタップし、最後に［了解］をタップします。

② 「撮影場所を記録しますか?」と表示されるので、記録したい場合は［はい］→［正確］→［アプリの使用時のみ］の順にタップします。

③ ベーシックモードの撮影画面が表示されます。

ベーシックモードの画面の見方

❶	撮影モードを変更できます（P.138～140参照）。	❿	ナイト撮影。暗闇でも明るく見やすい写真を撮影するかどうかを設定できます。
❷	タップするとメニュー画面が表示され、保存先や位置情報の保存などを設定できます。	⓫	クリエイティブルック。6種のルックから好みのものを選択します。
❸	Googleレンズを起動します（P.147参照）。	⓬	ドライブモード（連続撮影やセルフタイマー）の設定ができます。
❹	パノラマ撮影に変更できます。	⓭	背景をボカすボケ効果が利用できます。
❺	位置情報の保存のアイコンが表示されます。	⓮	明るさや色合いを変更できます。
		⓯	フロントカメラに切り替えます。
❻	カメラのレンズを切り替えたり、ズーム操作を行ったりします。	⓰	シャッターボタン。「ビデオ」モードのときは、停止・一時停止ボタンが表示されます。
❼	タップすると❽～❾の隠れている項目が表示されます。	⓱	「フォト」モード／「ビデオ」モードを切り替えます（P.137参照）。
❽	縦横比を変更できます。	⓲	直前に撮影した写真がサムネイルで表示されます。
❾	フラッシュの設定ができます。		

 本体キーを使った撮影

Xperia 5 Vは、本体のシャッターキーや音量キー／ズームキー（P.8参照）を使って撮影することができます。標準では、シャッターキーを1秒以上長押しすると、「Photo Pro」アプリがベーシックモードで起動します。音量キー／ズームキーを押してズームを調整し、シャッターキーを半押しして緑色のフォーカス枠が表示されたら、そのまま押すことで撮影できます。

ベーシックモードで写真を撮影する

(1) P.134を参考にして、「Photo Pro」アプリを起動します。ピンチイン／ピンチアウトするか、倍率表示部分をタップしてレンズを切り替えると、ズームアウト／ズームインできます。

(2) 画面をタップすると、タップした対象に追尾フォーカスが設定され、動いている被写体にピントが合い続けます。◯をタップすると、写真を撮影します。

(3) 撮影が終わると、撮影した写真のサムネイルが表示されます。撮影を終了するには▼（本体が縦向きの場合は◀）をタップします。

 ジオタグの有効／無効

P.134手順②で［はい］→［正確］→［アプリの使用中のみ］の順にタップすると、撮影した写真に自動的に撮影場所の情報（ジオタグ）が記録されます。自宅や職場など、位置を知られたくない場所で撮影する場合は、オフにしましょう。ジオタグのオン／オフは、手順①の画面で［MENU］をタップして、［位置情報を保存］をタップすると変更できます。

ベーシックモードで動画を撮影する

(1) 「Photo Pro」アプリを起動し、 をタップし、 になるようにして、「ビデオ」モードに切り替えます。

(2) レンズを切り替えていた場合、広角レンズ（×1.0）に戻ります。左下の［スロー］をタップすると、スローモーション撮影になります。 をタップすると、動画の撮影がはじまります。

(3) 動画の録画中は画面左下に録画時間が表示されます。また、「フォト」モードと同様にズーム操作が行えます。 をタップすると、撮影が終了します。

MEMO 動画撮影中に写真を撮るには

動画撮影中に をタップすると、写真を撮影することができます。写真を撮影してもシャッター音は鳴らないので、動画に音が入り込む心配はありません。

137

■ モードを切り替えて写真を撮影する

(1) 「Photo Pro」アプリを起動し、[BASIC] をタップします。

(2) 画面左のダイヤル部分を上下にスライドし、切り替えたいモード（ここでは「P」）に合わせます。

(3) モードが切り替わります。シャッターキーを押すと撮影できます。なお、シャッターキーを半押しするとピントを合わせられます。アプリを終了するには、画面右端から左方向にスワイプして▼をタップします。

 保存先の変更

撮影した写真や動画は標準では本体に保存されます。保存先をmicroSDカードに変更するには、ベーシックモードで [MENU] をタップし、[保存先] をタップして、[SDカード] をタップします。

■ AUTO / P / S / Mモードの画面の見方

❶	撮影モード。Auto（オート）、P（プログラムオート）、S（シャッタースピード優先）、M（マニュアル露出）とMR（メモリーリコール）が選択できます（P.140参照）。	⓭	フォーカスモード。オートフォーカスの種類や、マニュアルフォーカスを選択できます（P.140参照）。
		⓮	フォーカスエリア。ピント合わせの位置を変更できます。
❷	設定メニューが表示されます。	⓯	EV値（露出値）を設定します。
❸	ヒストグラムと水準器が表示されます。	⓰	ISO感度。ISO感度を設定できます。
❹	画面の回転をロックします。	⓱	測光モード。測光方法を変更できます。
❺	レンズ切り替え。超広角（16mm）、広角（24mm）、光学2倍相当（48mm）が選択できます（P.141参照）。	⓲	フラッシュモード。フラッシュの発光方法を設定できます。
❻	直前に撮影した写真がサムネイルで表示されます。	⓳	クリエイティブルック。6種類のルックから好みの仕上がりを選択できます（P.141参照）。
❼	バッテリーの容量が表示されます。	⓴	ホワイトバランス。オート(AWB)/曇天/太陽光/蛍光灯/電球/日陰に加えて、色温度とカスタムホワイトバランスをそれぞれ3つ設定できます。
❽	現在の設定（シャッタースピード／絞り値／露出値／ISO感度）が表示されます。		
❾	▼を左右にドラッグしてEV値（露出値）を設定できます（Pモードの場合。モードによって異なる）。	㉑	顔検出/瞳AFのオン／オフが設定できます。
		㉒	ナイト撮影。暗闇でも明るく見やすい写真を撮影するかどうかを選択できます。
❿	AFを有効にします。	㉓	DRO／オートHDR。ダイナミックレンジ拡張の設定を変更できます。
⓫	露出を固定します。		
⓬	ドライブモード。「連写」「セルフタイマー」などの撮影方法を指定できます（P.141参照）。	㉔	LOCK。誤操作防止のために設定をロックできます。

6

139

■ 撮影モード

撮影モードはベーシックモードのほかに、P（プログラムオート）、S（シャッタースピード優先）、M（マニュアル露出）、AUTOの4つと、登録した設定で撮影するMR（メモリーリコール）があります。Mモードでは、露出（明るさ）も自由に設定できるので、星空や花火も撮影可能です。

●各モードで操作できる露出機能

	シャッタースピード	ISO感度	EV値
Pモード	×	○	○
Sモード	○	×	○
Mモード	○	○	○
AUTO	×	×	×

■ フォーカスモード

フォーカスモードはAF-CとAF-S、MFの3つがあります。AF-Cは、シャッターキーを半押ししている間かAF-ONをタップしたときに被写体にピントが合い続け、シャッターキーを深く押すと撮影されます。ピントが合っている部分は、小さい緑の四角（フォーカス枠）で示されます。被写体が動くときに使用します。

AF-Sでは、シャッターキーを半押しするか、AF-ONをタップしたときにピントと露出が固定されます。被写体が動かないときに使用するほか、ピントを固定したまま動かすことで、構図を変更できます。

📷 レンズとズーム

超広角（16mm）、広角（24mm）、
光学2倍相当（48mm）の3つ
を切り替えて使えます。

📷 クリエイティブルック

静止画の仕上がりを6種類の
なかから設定します。右上の
ⓘをタップするとそれぞれの説
明が表示されます。

📷 ドライブモード

連続撮影やセルフタイマーを
設定します。「連続撮影」に
設定した場合は、シャッターア
イコンをロングタッチしている
間は、連続撮影できます。

 写真のファイル形式

> 写真のファイル形式はJPEG形式とRAW形式、RAW+JPEG形式の3種類が
> 選択できます。RAW形式を選択すれば、未加工の状態で写真を保存すること
> ができるので、Adobe LightroomなどのRAW現像ソフトを使ってより高度な
> 編集を行うことができます。

「Video Creator」で ショート動画を作成する

「Video Creator」は、写真／動画や音楽を選択するだけで、すばやくショート動画を作成できるアプリです。かんたんな編集も行えるので、友達に送るだけでなくSNSへの投稿にも適しています。

■ ショート動画を作成する

6

(1) ホーム画面で[アプリ一覧ボタン]をタップしてアプリ一覧画面を表示し、[Video Creator]をタップします。

(2) 初回起動時は[開始]をタップします。「利用上の注意」画面が表示されたら同意し、通知やアクセスの許可画面が表示されたらすべて許可します。

(3) 「Video Creator」アプリのホーム画面が表示されるので、[新しいプロジェクト]をタップします。

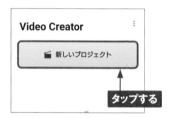

(4) 使用する写真や動画のサムネイル左上の○をタップして選択し、[おまかせ編集]をタップします。

5 動画の長さや使用する音楽をタップして選択し、[開始] をタップします。ここでは、動画の長さは30秒、音楽はランダムに選曲するようにしています。

❶選択する

6 動画が自動で作成されます。画面下のメニューをタップすることで、テキストの追加、フィルターの適用、画面の明るさや色の調整などの編集が行えます。

編集メニューが表示される

7 編集中に▶をタップすると、動画を再生して編集結果を確認することができます。編集が終わったら、[エクスポート] をタップします。

❷タップする

❶タップする

8 動画のエクスポートが行われます。作成された動画は、「フォト」アプリから確認できます。手順③の画面から動画を再編集することも可能です。

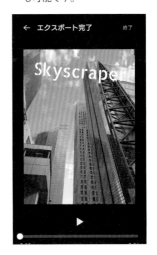

写真や動画を
閲覧・編集する

Application

撮影した写真や動画は、「フォト」アプリで閲覧することができます。
「フォト」アプリは、閲覧だけでなく、自動的にクラウドストレージに
写真をバックアップする機能も持っています。

■ 「フォト」アプリのバックアップを設定する

1 ホーム画面で［フォト］をタップします。

2 初回はバックアップの設定をするか聞かれるので、ここでは［バックアップをオンにする］→［許可］をタップします。

思い出を安全に保存しましょう
写真と動画は Google アカウントに安全にバックアップされます

技術五郎
gihyoxperia55@gmail.com ▼

タップする

バックアップしない　バックアップをオンにする

3 右上のアカウントアイコンをタップし、［フォトの設定］をタップします。

空き容量を増やす
Google フォト内のデータ　タップする
フォトの設定
ヘルプとフィードバック
プライバシーポリシー ・ 利用規約

4 ［バックアップ］→［バックアップの画面］→［保存容量の節約画質］の順にタップし、［選択］をタップします。

保存容量の節約画質
画質をやや下げてより多くの写真と動画を保存します
① タップする
② タップする
選択

MEMO　バックアップの画質の選択

「フォト」アプリでは、Googleドライブの保存容量の上限（標準で15GB）まで写真をクラウドに保存することができます。手順④で［保存容量の節約画質］を選択すると画質と画像サイズが調整され、写真がより多く保存できます。

写真や動画を閲覧する

(1) 左下の[フォト]をタップすると、本体内の写真や動画が表示されます。動画には右上に撮影時間が表示されています。閲覧したい写真をタップします。

(2) 写真が表示されます。拡大したい場合は、写真をダブルタップします。また、画面をタップすることで、メニューの表示／非表示を切り替えることができます。

(3) 写真が拡大されました。左右にスワイプすると前後の写真が表示されます。手順①の画面に戻るときは、←をタップします。

MEMO 動画の再生

手順①の画面で動画をタップすると、動画が再生されます。再生を止めたいときは、動画をタップしてをタップします。

■ 写真を検索して閲覧する

(1) P.145手順①の画面で[検索]をタップします。

タップする

(2) [写真を検索]をタップします。

タップする

(3) 検索したい写真に関するキーワードや日付などを入力して、✓をタップします。

①入力する

②タップする

(4) 検索された写真が一覧表示されます。タップすると大きく表示されます。

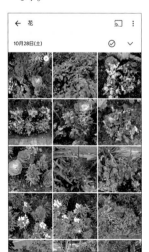

Googleレンズで被写体の情報を調べる

① P.145手順①を参考に、情報を調べたい写真を表示し、◎をタップします。

② 調べたい被写体をタップします。

③ 表示される枠の範囲を必要に応じてドラッグして変更すると、画面下に検索結果が表示されるので、上方向にスワイプします。

④ 検索結果が表示されます。下方向にスワイプすると手順③の画面に戻ります。

6

写真を編集する

(1) P.145手順①を参考に写真を表示して、📝をタップします。「Google One」の説明が表示されたら✕をタップします。

タップする

共有　編集　レンズ　削除

(2) 写真の編集画面が表示されます。[補正] をタップすると、写真が自動で補正されます。

タップする

ダイナミック　補正　ウォーム

候補　切り抜き　ツー

キャンセル　保存

(3) 写真にフィルタをかける場合は、画面下のメニュー項目を左右にスクロールして [フィルタ] を選択します。

❶スクロールする

なし　ビビッド　プラヤ　ハニー

ツール　調整　フィルタ　マークアップ

キャンセル　❷選択する

(4) フィルタを左右にスクロールし、かけたいフィルタ（ここでは [アルパカ]）をタップします。

❶スクロールする

パルマ　ブラッシュ　アルパカ　モデナ

ツール　調整　フィルタ　マークアップ

キャンセル　❷タップする

(5) 手順③の画面で [調整] を選択すると、明るさやコントラストなどを調整できます。各項目のスライダーを左右にドラッグし、[完了] をタップします。

❷ ドラッグする　　❶ タップする

❸ タップする

明るさ　コントラスト　HDR

42

完了

(6) 手順③の画面で [切り抜き] を選択すると、写真のトリミングや角度調整が行えます。◻をドラッグしてトリミングを行い、画面下部の目盛りを左右にスクロールして角度を調整します。

❶ ドラッグする

❷ スクロールする

4°

📐　◇　⟨⟩　リセット

✂ 補正　切り抜き　ツール　調整

キャンセル　　　　　　　　　保存

(7) 編集が終わったら、[保存] をタップし、[保存] もしくは [コピーとして保存] をタップします。

タップする

4°

📐　◇　⟨⟩　リセット

保存
この変更はいつでも元に戻すことができます

コピーとして保存
元の写真が変更されることはありません

MEMO　そのほかの編集機能

手順③の画面で [ツール] を選択すると、背景をぼかしたり空の色を変えたりすることが可能です。また、[マークアップ] を選択すると、テキストや手書き文字を書き込むことができます。

2023.11

✏　✏　Tₜ
ペン　蛍光ペン　テキスト

クリア　　↺　　　完了

写真や動画を削除する

(1) P.145手順①の画面で、削除したい写真をロングタッチします。

10月28日(土)

ロングタッチする

(2) 写真が選択されます。このとき、日にち部分をタップするか、もしくは手順①で日付部分をロングタッチすると、同じ日に撮影した写真や動画をまとめて選択することができます。[削除]もしくは🗑をタップします。

タップする

< 共有　　+ 追加先　　🗑 削除　　ℝ プリントを注文　　☐ アーカイブに移動

撮影場所　　　　　　　　地図を表示

(3) 初回はメッセージが表示されるので、[OK] をタップします。[ゴミ箱に移動] をタップします。

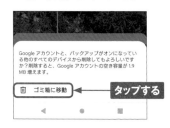

Google アカウントと、バックアップがオンになっている他のすべてのデバイスから削除してもよろしいですか？削除すると、Google アカウントの空き容量が 1.9 MB 増えます。

🗑 ゴミ箱に移動 ◀━━ **タップする**

(4) 写真が削除されます。削除直後に表示される [元に戻す] をタップすると、削除がキャンセルされます。

ゴミ箱に移動しました　　　　元に戻す

🖼 フォト　　🔍 検索　　👥 共有　　📊 ライブラリ

MEMO 削除した写真や動画の復元

削除した写真はいったんゴミ箱に移動し、60日後（バックアップしていない写真は30日後）に完全に削除されます。削除した写真を復元したい場合は、手順①の画面で [ライブラリ] → [ゴミ箱] をタップし、復元したい写真をロングタッチして選択し、[復元] → [復元] をタップします。

6

Chapter

7

Xperia 5 Vを
使いこなす

Section **51**

ホーム画面を カスタマイズする

Application

アプリ一覧画面にあるアイコンは、ホーム画面に表示することができます。ホーム画面のアイコンは任意の位置に移動したり、フォルダを作成して複数のアプリアイコンをまとめたりすることも可能です。

■ アプリアイコンをホーム画面に表示する

1 ホーム画面で [アプリ一覧ボタン] をタップしてアプリ一覧画面を表示します。移動したいアプリアイコンをロングタッチし、[ホーム画面に追加] をタップします。

2 アプリアイコンがホーム画面上に表示されます。

3 ホーム画面のアプリアイコンをロングタッチします。

4 ドラッグして、任意の位置に移動することができます。左右のホーム画面に移動することも可能です。

152

■ アプリアイコンをホーム画面から削除する

① ホーム画面から削除したいアプリ
アイコンをロングタッチします。

ロングタッチする

② 「削除」までドラッグします。

ドラッグする

③ ホーム画面上からアプリアイコン
が削除されます。

MEMO アイコンの削除とアプリのアンインストール

手順②の画面で「削除」と「アンインストール」が表示される場合、「削除」にドラッグするとアプリアイコンが削除されますが、「アンインストール」にドラッグするとアプリそのものが削除（アンインストール）されます。

7

153

■ フォルダを作成する

(1) ホーム画面でフォルダに収めたいアプリアイコンをロングタッチします。

(2) 同じフォルダに収めたいアプリアイコンの上にドラッグします。

(3) 確認画面が表示されるので［作成する］をタップすると、フォルダが作成されます。フォルダをタップします。

(4) フォルダが開いて、中のアプリアイコンが表示されます。フォルダ名をタップして任意の名前を入力し、☑をタップすると、フォルダ名を変更できます。

MEMO ドックのアプリ アイコンの入れ替え

ホーム画面下部にあるドックのアプリアイコンは、入れ替えることができます。ドックのアプリアイコンを任意の場所にドラッグし、かわりに配置したいアプリアイコンをドックに移動します。

ホームアプリを変更する

(1) P.20を参考に「設定」アプリを起動し、[アプリ] → [標準のアプリ] → [ホームアプリ] の順にタップします。

デフォルトのアプリ

G デジタル アシスタント アプリ
Google

タップする

◉ ブラウザアプリ
Chrome

🏠 ホームアプリ
docomo LIVE UX ⚙️

通話転送アプリ

(2) 好みのホームアプリをタップします。ここでは [Xperiaホーム] をタップします。

デフォルトの
ホームアプリ

○ ⌂ かんたんホーム **タップする**

◉ 🏠 docomo LIVE UX

○ 🏠 Xperiaホーム

(3) ホームアプリが「Xperiaホーム」に変更されます。ホーム画面の操作が一部本書とは異なるので注意してください。なお、「docomo LIVE UX」に戻すには、画面を上方向にスワイプして [設定] をタップし、再度手順②の画面を表示して [docomo LIVE UX] をタップします。

7

MEMO 「かんたんホーム」とは

手順②で選択できる「かんたんホーム」は、基本的な機能や設定がわかりやすくまとめられたホームアプリです。「かんたんホーム」から「docomo LIVE UX」に戻すには、[設定] → [ホーム切替] → [OK] → [docomo LIVE UX] の順にタップします。

ロック画面に通知が表示されないようにする

Application

メッセージなどの通知はロック画面にメッセージの一部が表示されるため、他人に見られてしまう可能性があります。設定を変更することで、ロック画面に通知を表示しないようにすることができます。

ロック画面に通知が表示されないようにする

① P.20を参考に「設定」アプリを起動して、[通知] をタップします。

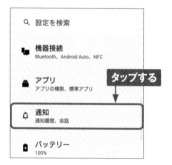

② 上方向にスクロールします。

③ [ロック画面上の通知] をタップします。

④ [通知を表示しない] をタップすると、ロック画面に通知が表示されなくなります。

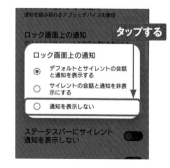

不要な通知が
表示されないようにする

Application

通知はホーム画面やロック画面に表示されますが、アプリごとに通知のオン／オフを設定することができます。また、通知パネルから通知をロングタッチして、通知をオフにすることもできます。

アプリからの通知をオフにする

① P.20を参考に「設定」アプリを起動して、[通知] → [アプリの設定]の順にタップします。

通知　　　**タップする**

管理

アプリの設定
各アプリからの通知の管理

通知履歴
最近の通知とスヌーズに設定した通知を確認

会話

会話
優先度の高い会話: なし

② アプリの一覧が表示されます。通知をオフにしたいアプリ（ここでは[d払い]）をタップします。

アプリの通知

タップする

新しい順

d払い
21 分前

ミュージック
49 分前

ドコモメール
101 分前

③ 選択したアプリの通知に関する設定画面が表示されるので、[○○のすべての通知]をタップします。

d払い　　**タップする**

d払い のすべての通知

④ ●が●になり、「d払い」アプリからの通知がオフになります。なお、アプリによっては、通知がオフにできないものもあります。

d払い　　**タップする**

d払い のすべての通知

MEMO　通知パネルでの設定変更

P.17を参考に通知パネルを表示し、通知をオフにしたいアプリをロングタッチして、[通知をOFFにする]をタップすると、そのアプリからの通知設定が変更できます。

7

157

Section **54**

画面ロックの解除に暗証番号を設定する

Application

画面ロックの解除に暗証番号を設定することができます。設定を行うとP.11手順②の画面に [ロックダウン] が追加され、タップすると指紋認証や通知が無効になった状態でロックされます。

画面ロックの解除に暗証番号を設定する

(1) P.20を参考に「設定」アプリを起動して、[セキュリティ] → [画面のロック] の順にタップします。

(2) [ロックNo.]をタップします。「ロックNo.」とは画面ロックの解除に必要な暗証番号のことです。

(3) テンキーで4桁以上の数字を入力し、[次へ] をタップして、次の画面でも再度同じ数字を入力し、[確認] をタップします。

(4) ロック画面での通知の表示方法をタップして選択し、[完了]をタップすると、設定完了です。

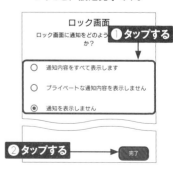

暗証番号で画面ロックを解除する

(1) スリープモード（P.10参照）の状態で、電源キー／指紋センサーを押します。

押す

(2) ロック画面が表示されます。画面を上方向にスワイプします。

13:50
10月27日金曜日

スワイプする

(3) P.158手順③で設定した暗証番号（ロックNo.）を入力して→をタップすると、画面ロックが解除されます。

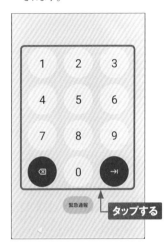

1	2	3
4	5	6
7	8	9
⊗	0	→|

緊急通報

タップする

MEMO 暗証番号の変更

設定した暗証番号を変更するには、P.158手順①で［画面のロック］をタップし、現在の暗証番号を入力して→をタップします。表示される画面で［ロックNo.］をタップすると、暗証番号を再設定できます。初期状態に戻すには、［スワイプ］→［削除］の順にタップします。

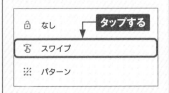

🔓	なし	タップする
👆	スワイプ	
⋮⋮	パターン	

7

159

画面ロックの解除に指紋認証を設定する

Application

Xperia 5 Vは電源キーに指紋センサーが搭載されています。指紋を登録することで、ロックをすばやく解除できるようになるだけでなく、セキュリティも強化することができます。

■ 指紋を登録する

(1) P.20を参考に「設定」アプリを起動して、[セキュリティ] をタップします。

```
✝  ユーザー補助
   スクリーンリーダー、表示、操作

🔓  セキュリティ
   指紋設定

☁  プライバシー
   権限、アカウント アクティビティ、個人データ
                              タップする
   位置情報
◎  ON - 9 個のアプリに位置情報へのアクセスを
   許可

✻  緊急情報と緊急通報
```

(2) [指紋設定] をタップします。

```
デバイスのセキュリティ

画面のロック                        ✿
ロックNo.

指紋設定
指紋ロック解除機能は無効です

押し込み式指紋認証
スリープモードで意図せず電源ボタンに触
れることによるロック解除を防止します。   タップする
指紋認証でロック解除したいときは、電源
ボタンを押した後、指を離さないでくだ
い。

セキュリティの詳細設定
暗号化、認証情報など
```

(3) 画面ロックが設定されていない場合は「画面ロックの選択」画面が表示されるので [指紋+ロックNO.] をタップして、P.158を参考に設定します。画面ロックを設定している場合は入力画面が表示されるので、P.158で設定した方法で解除します。

```
画面ロックの選択

予備の画面ロック方式を選択してく  タップする

⠿  指紋 + パターン

⠿  指紋 + ロックNo.
```

(4) 「指紋の設定」画面が表示されるので、[もっと見る] → [同意する] → [次へ] の順にタップします。

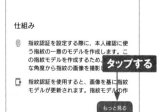

```
仕組み

⊚  指紋認証を設定する際に、本人確認に使
   う指紋の一意のモデルを作成します。こ
   の指紋モデルを作成するため   タップする
   な角度から指紋の画像を撮影し

▯  指紋認証を使用すると、画像を基に指紋
   モデルが更新されます。指紋モデルの作

                              もっと見る
```

7

⑤ いずれかの指を電源キー/指紋センサーの上に置くと、指紋の登録が始まります。画面の指示に従って、指をタッチする、離すをくり返します。

🔒
指紋の登録
同じ指で繰り返しセンサーに軽く触れ、振動したらそのたびに離してください。

ステップ1. 認証時に触れる指紋中央部を登録
ステップ2. 周辺部を登録

⑥ 「指紋を追加しました」と表示されたら、[完了]をタップします。

指紋を追加しました
指紋認証は、スマートフォンのロック解除やアプリの本人確認に使用する回数が増えるにつれて、精度が向上します

タップする

他の指紋を追加   完了

⑦ ロック画面を表示して、手順⑤で登録した指を電源キー/指紋センサーの上に置くと、画面ロックが解除されます。

docomo

14:00
10月27日金曜日

指を置く

MEMO **Google Playで指紋認証を利用するには**

7

Google Playで指紋認証を設定すると、アプリを購入する際に、パスワード入力のかわりに指紋認証が利用できます。指紋を設定後、Google Playで画面右上のアカウントアイコンをタップし、[設定] → [認証] → [生体認証] の順にタップして、画面の指示に従って設定してください。

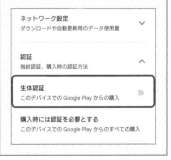

ネットワーク設定   ∨
ダウンロードや自動更新用のデータ使用量

認証   ∧
指紋認証、購入時の認証方法

生体認証
このデバイスでの Google Play からの購入

購入時には認証を必要とする
このデバイスでの Google Play からのすべての購入

スリープモード時に
画面に情報を表示する

Application

Xperia 5 Vは、スリープモード時に画面に日時や通知アイコンを表示できるアンビエント表示に対応しています。再生中の楽曲情報も表示できます。

■ アンビエント表示を利用する

(1) P.20を参考に「設定」アプリを起動し、[画面設定]をタップします。

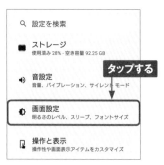

Q 設定を検索

■ ストレージ
使用済み 28% - 空き容量 92.25 GB

タップする

◄» 音設定
音量、バイブレーション、サイレント モード

✿ 画面設定
明るさのレベル、スリープ、フォントサイズ

◻ 操作と表示
操作性や画面表示アイテムをカスタマイズ

(2) [ロック画面]をタップします。

← 画面設定

デザイン

表示サイズとテキスト

ダークモード
自動で ON にしない

タップする

ディスプレイのロック

ロック画面
時計、通知、アンビエント表示(Always-on display)

画面消灯

(3) [時間と情報を常に表示]をタップします。

ロック画面

アンビエント表示

時間と情報を常に表示
バッテリー使用量が増えます

通知時にスリープ状態から復帰
通知を受信したときにスリープ状態から復帰します

タップする

ロック画面

(4) スリープモード時にも画面に時間と通知アイコンが表示されるようになります。

16:01
11月6日月曜日

画面の表示画質を変更する

Xperia 5 Vでは、写真や動画をよりきれいに表示するための技術がたくさん盛り込まれています。ここでは、制作者の意図した色調を忠実に再現する「クリエイターモード」について解説します。

自動クリエイターモードを設定する

(1) P.20を参考に「設定」アプリを起動し、[画面設定] をタップします。

Q 設定を検索

■ ストレージ タップする
使用済み 28% · 空き容量 92.25 GB

◆) 音設定
音量、バイブレーション、サイレント モード

✿ 画面設定
明るさのレベル、スリープ、フォントサイズ

🗊 操作と表示
操作性や画面表示アイテムをカスタマイズ

(2) [画質設定] をタップします。

←

タップする

画面設定

画質

画質設定
色域とコントラスト、動画再生時の高画質処理

ホワイトバランス
画面上のホワイトバランスを調整します

(3) 「画質設定」画面が表示されます。「クリエイターモード」にするとバッテリーを多く消費するので、通常は「スタンダードモード」にして、特定のアプリのみ「クリエイターモード」を適用するようにするとよいでしょう。[自動クリエイターモード] をタップします。

の意図を忠実に再現します。

タップする

スタンダードモード
◉ オリジナルの色域を拡張した色で表示します。
色鮮やかに見たい人におすすめです。

自動クリエイターモード
特定のアプリで自動的にクリエイターモードを適用します

(4) 「クリエイターモード」が適用されているアプリが表示されます。右上の+をタップすることで、対象となるアプリを追加することができます。

← 対象アプリ ＋

サービスの使用 ●

(i) Game enhancerを使用中のアプリ タップする
エイターモードが無効となります

📹 Video Creator ⋮

❀ フォト ⋮

7

Section **58**

スマートバックライトを設定する

Application

スリープ状態になるまでの時間が短いと、突然スリープ状態になってしまって困ることがあります。スマートバックライトを設定して、手に持っている間はスリープ状態にならないようにしましょう。

■ スマートバックライトを利用する

① P.20を参考に「設定」アプリを起動し、[画面設定]をタップします。

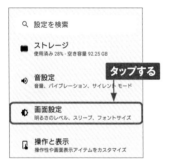

```
Q 設定を検索

■ ストレージ
  使用済み 28% - 空き容量 92.25 GB

            タップする
◀) 音設定
  音量、バイブレーション、サイレントモード

◆ 画面設定
  明るさのレベル、スリープ、フォントサイズ

□ 操作と表示
  操作性や画面表示アイテムをカスタマイズ
```

② [スマートバックライト]をタップします。

```
←  画面設定

デザイン

表示サイズとテキスト

ダークモード
自動で ON にしない
            タップする
ディスプレイのロック

バックライト

スマートバックライト
OFF
```

③ スマートバックライトの説明を確認し、[サービスの使用]をタップします。

```
←  スマートバックライト

サービスの使用            ●

            タップする

機器を手に持って使っていることをセンサーが判
別した場合にはバックライトを消灯させない機能
```

④ ◯ が ◯ になると設定が完了します。本体を手に持っている間は、スリープ状態にならなくなります。

```
←  スマートバックライト

サービスの使用            ●

機器を手に持って使っていることをセンサーが判
別した場合にはバックライトを消灯させない機能
```

スリープモードになるまでの時間を変更する

Application

スマートバックライトを設定していても、手に持っていない場合はスリープ状態になってしまいます。スリープモードまでの時間が短いなと思ったら、設定を変更して時間を長くしておきましょう。

スリープモードになるまでの時間を変更する

(1) P.20を参考に「設定」アプリを起動して、[画面設定] → [画面消灯] の順にタップします。

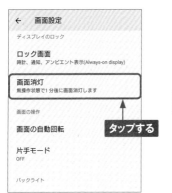

(2) スリープモードになるまでの時間をタップします。

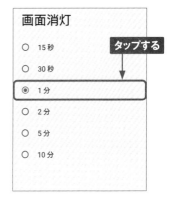

MEMO 画面消灯後のロック時間の変更

画面のロック方法がロックNo. /パターン/パスワードの場合、画面が消えてスリープモードになった後、ロックがかかるまでには時間差があります。この時間を変更するには、P.158手順①の画面を表示して⚙をタップし、[画面消灯後からロックまでの時間] をタップして、ロックがかかるまでの時間をタップします。

Application

画面の明るさを変更する

画面の明るさは周囲の明るさに合わせて自動で調整されますが、手動で変更することもできます。暗い場所や直射日光が当たる場所などで見にくい場合は、手動で変更してみましょう。

見やすい明るさに調節する

(1) ステータスバーを2本指で下方向にドラッグして、クイック設定パネルを表示します。

2本指でドラッグする

(2) 上部のスライダーを左右にドラッグして、画面の明るさを調節します。

ドラッグする

MEMO 明るさの自動調節のオン／オフ

P.20を参考に「設定」アプリを起動して、[画面設定] → [明るさの自動調節] のスイッチをタップすることで、画面の明るさの自動調節のオン／オフを切り替えることができます。オフにすると、周囲の明るさに関係なく、画面は一定の明るさになります。

タップする

ブルーライトを
カットする

Application

Xperia 5 Vには、ブルーライトを軽減できる「ナイトライト」機能があります。就寝時や暗い場所での操作時に目の疲れを軽減できます。また、時間を指定してナイトライトを設定することも可能です。

指定した時間にナイトライトを設定する

(1) P.20を参考に「設定」アプリを起動して、[画面設定] → [ナイトライト] の順にタップします。

(2) [ナイトライトを使用] をタップします。

(3) ナイトライトがオンになり、画面が黄色みがかった色になります。スライダーを左右にドラッグして色味を調整したら、[スケジュール] をタップします。

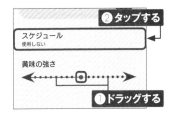

(4) [指定した時刻にON] をタップします。[使用しない] をタップすると、常にナイトライトがオンのままになります。

(5) [開始時刻] と [終了時刻] をタップして設定すると、指定した時間の間は、ナイトライトがオンになります。

ダークモードを利用する

Application

Xperia 5 Vでは、画面全体を黒を基調とした目に優しく、省電力にもなるダークモードを利用できます。ダークモードに変更すると、対応するアプリもダークモードになります。

■ ダークモードに変更する

(1) P.20を参考に「設定」アプリを起動して、[画面設定]をタップします。

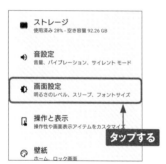

(2) [ダークモード] → [ダークモードを使用]の順にタップします。

(3) 画面全体が黒を基調とした色に変更されます。

(4) 対応するアプリもダークモードで表示されます。もとに戻すには再度手順①～②の操作を行います。

文字やアイコンの表示サイズを変更する

Application

画面の文字やアイコンが小さくて見にくいときは、表示サイズを変更しましょう。アイコンの表示サイズはそのままで、フォントサイズのみを変更することもできます。

文字やアイコンの表示サイズを変更する

(1) P.20を参考に「設定」アプリを起動して、[画面設定] → [表示サイズとテキスト] の順にタップします。

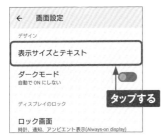

(2) 「表示サイズ」のスライダーを左右にドラッグして、サイズを変更します。

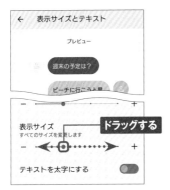

(3) 文字やアイコンなど、画面表示が全体的に変更されます。ホーム画面などでは、アイコンの並びが変わることがあります。また、「フォントサイズ」のスライダーを左右にドラッグすると、文字のサイズのみを変更できます。

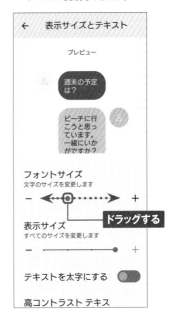

7

サイドセンスで操作を快適にする

Xperia 5 Vには、「サイドセンス」という機能があります。画面中央右端のサイドセンスバーをダブルタップしてメニューを表示したり、スライドしてバック操作を行ったりすることが可能です。

サイドセンスを利用する

① ホーム画面などで端にあるサイドセンスバーをダブルタップします。初回は [OK] をタップします。

ダブルタップする

② サイドセンスメニューが表示されます。上下にドラッグして位置を調節し、起動したいアプリ（ここでは [設定]）をタップします。

❶ドラッグする

❷タップする

③ タップしたアプリが起動します。

設定

Q 設定を検索

📶 ネットワークとインターネット
モバイル、Wi-Fi、アクセス ポイント

🔗 機器接続
Bluetooth、Android Auto、NFC

📱 アプリ
アプリの権限、標準アプリ

MEMO サイドセンスのそのほかの機能

手順②の画面に表示されるサイドセンスメニューには、使用状況から予測されたアプリが自動的に一覧表示されます。そのほか、サイドセンスバーを下方向にスライドするとバック操作（直前の画面に戻る操作）になり、上方向にスライドすると、マルチウィンドウメニューが表示されます。

■ サイドセンスの設定を変更する

① P.170手順②の画面で⚙をタップします。

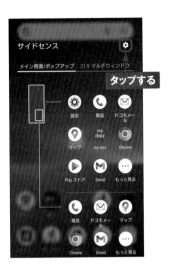

タップする

② [サイドセンス] の設定画面が表示されます。画面をスクロールします。

サイドセンス

画面端のサイドセンスバーに対して以下のジェスチャー操作を行うと、**スクロールする**ションでメニューや便利機能す。
・ダブルタップ: サイドセンスメニューを開く
・上スライド: マルチウィンドウメニューを開く
・下スライド: 前の画面に戻る (バック操作)

サイドセンスメニューでは、アプリを素早く起動したり、他のアプリの上にもう一つのアプリを小さくポップアップ起動したりできます。
マルチウィンドウメニューでは、1~2タップ

③ [ジェスチャー操作感度] をタップします。

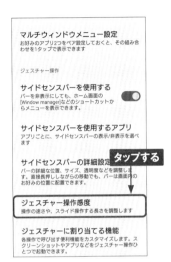

マルチウィンドウメニュー設定
お好みのアプリ2つをペア設定しておくと、その組み合わせを1タップで表示できます

ジェスチャー操作

サイドセンスバーを使用する
バーを非表示にしても、ホーム画面の
[Window manager]などのショートカットからメニューを表示できます。

サイドセンスバーを使用するアプリ
アプリごとに、サイドセンスバーの表示/非表示を選べます

サイドセンスバーの詳細設定 **タップする**
バーの詳細位置、サイズ、透明度などを調整します。直接長押ししながらの移動でも、バーは画面内のお好みの位置に配置できます。

ジェスチャー操作感度
操作の速さや、スライド操作する長さを調整します

ジェスチャーに割り当てる機能
各操作で呼び出す便利機能をカスタマイズします。スクリーンショットやアプリなどをジェスチャー操作ひとつで起動できます。

④ ジェスチャー操作の感度を変更できます。

←

ジェスチャー操作感度

ダブルタップの速さ
ダブルタップの速さを調整します

スライドの長さ
上、または下へのスライド操作の長さを調整します

スライドの速さ
速く設定するほど、バーやフローティングアイコンを移動させる際の長押し時間も短くなります

Application

片手で操作しやすくする

Xperia 5 Vには「片手モード」という機能があります。ホームボタンをダブルタップすると、片手で操作しやすいように画面の表示が下方向にスライドされ、指が届きやすくなります。

片手モードで表示する

1 P.20を参考に、「設定」アプリを起動し、[画面設定] → [片手モード] とタップします。

タップする

2 [片手モードの使用] をタップして ◯ にします。

タップする

3 ホームボタンをダブルタップすると片手モードになります。

ダブルタップする

4 画面が下方向にスライドされ、指が届きやすくなります。

画面が下方向にスライドした

スクリーンショットを撮る

Xperia 5 Vでは、表示中の画面をかんたんに撮影（スクリーンショット）できます。撮影できないものもありますが、重要な情報が表示されている画面は、スクリーンショットで残しておくと便利です。

本体キーでスクリーンショットを撮影する

(1) 撮影したい画面を表示して、電源キー／指紋センサーと音量キーの下側を同時に押します。

同時に押す

(2) 画面が撮影され、左下にサムネイルとメニューが表示されます。

表示される

(3) ◯をタップしてホーム画面に戻り、P.144を参考に「フォト」アプリを起動します。[ライブラリ] → [Screenshots] の順にタップし、撮影したスクリーンショットをタップすると、撮影した画面が表示されます。

7

MEMO スクリーンショットの保存場所

撮影したスクリーンショットは、内部共有ストレージの「Pictures」フォルダ内の「Screenshots」フォルダに保存されます。

壁紙を変更する

Application

ホーム画面やロック画面では、撮影した写真などXperia 5 V内に
保存されている画像を壁紙に設定することができます。「フォト」アプ
リでクラウドに保存された写真を選択することも可能です。

撮影した写真を壁紙に設定する

(1) P.20を参考に「設定」アプリを
起動し、[壁紙]をタップします。

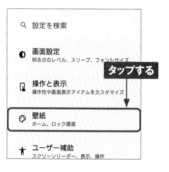

```
Q 設定を検索

● 画面設定
  明るさのレベル、スリープ、フォントサイズ
                        タップする
◻ 操作と表示
  操作性や画面表示アイテムをカスタマイズ

☺ 壁紙
  ホーム、ロック画面

♦ ユーザー補助
  スクリーンリーダー、表示、操作
```

(2) [壁紙とスタイル]をタップします。

```
←

壁紙タイプの選択

✿ フォト          タップする

◉ ライブ壁紙

☺ 壁紙とスタイル
```

(3) [壁紙の変更]→[マイフォト]
をタップし、初回は[許可]をタッ
プします。

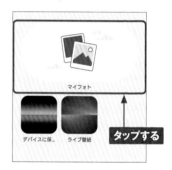

マイフォト

デバイスに保… ライブ壁紙   タップする

(4) 写真のあるフォルダをタップし、
壁紙にしたい写真をタップして選
択します。

× 写真を選択

タップする

⑤ ピンチアウト/ピンチインで拡大
/縮小し、ドラッグで位置を調整
します。

⑥ 調整が完了したら、✓をタップし
ます。

⑦ 「壁紙の設定」画面が表示され
るので、変更したい画面（ここで
は［ホーム画面とロック画面］）
をタップします。

⑧ 選択した写真が壁紙として表示さ
れます。

アラームをセットする

Application

Xperia 5 Vにはアラーム機能が搭載されています。指定した時刻になるとアラーム音やバイブレーションで教えてくれるので、目覚ましや予定が始まる前のリマインダーなどに利用できます。

■ アラームで設定した時間に通知する

1 ホーム画面で[アプリ一覧ボタン]をタップし、[ツール]フォルダをタップして、[時計]をタップします。

タップする

2 [アラーム]をタップして、◉をタップします。

①タップする
②タップする
アラーム 時計 タイマー ストップ

3 時刻を設定して、[OK]をタップします。

②タップする
①設定する
キャンセル OK

4 アラーム音などの詳細を設定する場合は、各項目をタップして設定します。

15:15

今日
日 月 火 水 木 金 土
アラームの設定 ⊕
デフォルト (Xperia)
バイブレーション ✓
Google アシスタントのルーティン ⊕
解除
設定する

5 指定した時刻になると、アラーム音やバイブレーションで通知されます。[ストップ]をタップすると、アラームが停止します。

アラーム
15:15 (金)
スヌーズ ストップ
タップする

Section **69**

アプリのアクセス許可を変更する

Application

アプリの初回起動時にアクセスを許可していない場合、アプリが正常に動作しないことがあります（P.20MEMO参照）。ここでは、アプリのアクセス許可を変更する方法を紹介します。

アプリのアクセス許可を変更する

1 P.20を参考に「設定」アプリを起動し、[アプリ] をタップします。

設定

Q 設定を検索

📶 ネットワークとインターネット
モバイル、Wi-Fi、アクセス ポイント
タップする

🔗 機器接続
Bluetooth、Android Auto、NFC

📱 アプリ
アプリの権限、標準アプリ

2 アクセス許可を変更したいアプリ（ここでは [my daiz]）をタップします。

アプリ
タップする

最近開いたアプリ

my daiz
0分前

時計
2分前

フォト
7分前

3 選択したアプリの「アプリ情報」画面が表示されたら [許可] をタップします。

my daiz

↗   ⊘   **タップする**
開く   無効にする 強制停止

通知
約2件の通知 / 日

許可
カレンダー、マイク、位置情報、通知、電話、付近の...

4 「アプリの権限」画面が表示されたら、アクセスを許可する項目をタップして [許可] もしくは [許可しない] に切り替えます。

許可   **タップする**

📅 カレンダー
過去24時間にアクセス

🎤 マイク
最終アクセス: 13:45

📍 位置情報
最終アクセス: 14:56

🔔 通知

7

177

おサイフケータイを
設定する

Application

Xperia 5 Vはおサイフケータイ機能を搭載しています。2023年11
月現在、電子マネーの楽天Edyをはじめ、さまざまなサービスに対
応しています。

■ おサイフケータイの初期設定を行う

(1) ホーム画面で[アプリ一覧ボタン]
をタップし、[ツール]フォルダをタッ
プして、[おサイフケータイ]をタッ
プします。

(2) 初回起動時はアプリの案内や利
用規約の同意画面が表示される
ので、画面の指示に従って操作
します。

(3) 「初期設定」画面が表示されま
す。初期設定が完了したら[次へ]
をタップし、画面の指示に従って
Googleアカウント連携などの操
作を行います。

(4) サービスの一覧が表示されます。
説明が表示されたら画面をタップ
し、ここでは、[楽天Edy]をタッ
プします。

(5) 「おすすめ詳細」画面が表示されるので、[サイトへ接続] をタップします。

(7) インストールが完了したら、[開く] をタップします。

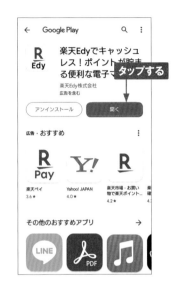

(6) Google Playが表示されます。「楽天Edy」アプリをインストールする必要があるので、[インストール] をタップします。

(8) 「楽天Edy」アプリの初期設定画面が表示されます。規約に同意して [次へ] をタップし、画面の指示に従って初期設定を行います。

Wi-Fiテザリングを利用する

Application

「Wi-Fiテザリング」は、Xperia 5 Vを経由して、同時に最大10台までのパソコンやゲーム機などをインターネットに接続できる機能です。ドコモでは申し込み不要で利用できます。

Wi-Fiテザリングを設定する

(1) P.20を参考に「設定」アプリを起動し、[ネットワークとインターネット]をタップします。

設定

Q 設定を検索

🛜 ネットワークとインターネット
モバイル、Wi-Fi、アクセス ポイント

📱 機器接続
Bluetooth、Android Auto、NFC

　　　タップする

アプリ

(2) [テザリング]をタップします。

ターネット

◢ インターネット
docomo

📞 通話と SMS
docomo

📇 SIM
docomo　　　**タップする**

✈ 機内モード

📶 テザリング
OFF

(3) [Wi-Fiテザリング]をタップします。

テザリング

テザリングを使用して、モバイルデータ通信により他の機器にインターネット接続を提供します。

Wi-Fiテザリング
インターネット接続やコンテンツを他の機器と共有し...

USB テザリング
スマートフォンのインターネット接続を
USB 経由で共有　　　**タップする**

Bluetooth テザリング

(4) [アクセスポイント名](SSID)と[Wi-Fiテザリングのパスワード]をそれぞれタップして入力します。

Wi-Fiテザリング

Wi-Fi アクセス ポイント
の使用

アクセス ポイント名
Xperia_5V　◀　**①入力する**

セキュリティ
WPA2/WPA3-Personal　　**②入力する**

Wi-Fiテザリングのパスワード
・・・・・・・・・・・・・　◀

(5) [Wi-Fiアクセスポイントの使用] をタップします。

Wi-Fiテザリング

Wi-Fi アクセス ポイント
の使用

アクセス ポイント名
Xperia_5V

タップする

セキュリティ
WPA2/WPA3-Personal

Wi-Fiテザリングのパスワード
. . . .

Wi-Fiテザリングを自動的に
OFFにする
機器が10分間接続されていないと、Wi-Fiテ
ザリングはOFFになります

(6) ◯◯が◯◯に切り替わり、Wi-Fiテ ザリングがオンになります。ステー タスバーに、Wi-Fiテザリング中 を示すアイコンが表示されます。

15:23

Wi-Fiテザリン

アイコンが表示される

Wi-Fi アクセス ポイント
の使用

アクセス ポイント名
Xperia_5V

セキュリティ
WPA2/WPA3-Personal

Wi-Fiテザリングのパスワード
. . . .

Wi-Fiテザリングを自動的に
OFFにする
機器が10分間接続されていないと、Wi-Fiテ
ザリングはOFFになります

(7) Wi-Fiテザリング中は、ほかの機 器からXperia 5 VのSSIDが見え ます。SSIDをタップして、P.180 手順④で設定したパスワードを入 力して接続すれば、Xperia 5 V 経由でインターネットに接続するこ とができます。

← インターネット

Wi-Fi
Wi-Fiネットワークを探して自動で接続

📶 ISC 🔒

📶 Buffalo-A-D9D0 🔒

📶 DESKTOP-ASUSAOK 8755 🔒

📶 Xperia_5V 🔒

📶 aterm-04745e-g 🔒

📶 aruba **Xperia 5 VのSSID**

7

MEMO Wi-Fiテザリングを オフにするには

Wi-Fiテザリングを利用中、ス テータスバーを2本指で下方向 にドラッグし、[テザリング ON] をタップすると、Wi-Fiテザリン グがオフになります。

15:24 docomo

タップする

🔕 イブなし) >

位置情報
ON

テザリング
ON

ード スク
開始

おすそわ >

Bluetooth機器を利用する

Application

Xperia 5 VはBluetoothとNFCに対応しています。ヘッドセットやスピーカーなどのBluetoothやNFCに対応している機器と接続すると、Xperia 5 Vを便利に活用できます。

Bluetooth機器とペアリングする

(1) あらかじめ接続したいBluetooth機器をペアリングモードにしておきます。続いて、P.20を参考に「設定」アプリを起動し、[機器接続]をタップします。

```
📶  ネットワークとインターネット
    モバイル、Wi-Fi、アクセス ポイント

🔊  機器接続
    Bluetooth、Android Auto、NFC

    アプリ
    アプリの権限、標準アプリ          タップする

🔔  通知
    通知履歴、会話
```

(2) [新しい機器とペア設定する] をタップします。Bluetoothがオフの場合は、自動的にオンになります。

```
機器接続

その他のデバイス                タップする

🔌  USB
    このデバイスを充電する

+   新しい機器とペア設定する
    ペア設定できるよう Bluetooth が ON になりま
    す

保存済みのデバイス
```

(3) ペアリングしたい機器をタップします。

```
新しい機器とペア設
定する

機器名
Xperia 5 V

使用可能なデバイス            タップする

🎧  EarFun Air Pro 3

🎧  SRS-X11

    OPPO Reno A
```

(4) [ペア設定する] をタップします。

```
機器名
Xperia 5 V

[SRS-X11]とペア設定しますか？

□ 自分の連絡先や通話履歴へのアクセスを許
   可する

        キャンセル    ペア設定する

    OPPO Reno A
                        タップする
🔊  tigerkin159e7d
```

5 機器との接続が完了します。⚙
をタップします。

6 利用可能な機能を確認できます。
なお、[接続を解除] をタップする
と、ペアリングを解除できます。

MEMO NFC対応のBluetooth機器の利用方法

Xperia 5 Vに搭載されているNFC（近距
離無線通信）機能を利用すれば、NFC対応
のBluetooth機器とのペアリングや接続が
かんたんに行えます。NFCをオンにするに
は、P.182手順②の画面で [接続の設定]
→ [NFC/おサイフケータイ] をタップし、
「NFC/おサイフケータイ」がオフになっ
ている場合はタップしてオンにします。
Xperia 5 Vの背面のNFCマークを対応機
器のNFCマークにタッチすると、ペアリング
の確認通知が表示されるので、[はい] → [ペ
アに設定して接続] → [ペア設定する] の
順にタップすれば完了です。あとは、NFC
対応機器にタッチするだけで、接続/切断を
自動で行ってくれます。

Application

いたわり充電を設定する

「いたわり充電」とは、Xperia 5 Vが充電の習慣を学習して電池の状態をより良い状態で保ち、電池の寿命を延ばすための機能です。設定しておくとXperia 5 Vを長く使うことができます。

いたわり充電を設定する

1 P.20を参考に［設定］アプリを起動し、［バッテリー］→［いたわり充電］の順にタップします。

バッテリー

100%

タップする

充電が完了しました

OFF

いたわり充電
電池の寿命を延ばすため、満充電に近い状態の時間を短くします

2 「いたわり充電」画面が表示されます。画面上部の［いたわり充電の使用］が ◯ になっている場合はタップします。

← いたわり充電

いたわり充電の使用 ◯

タップする

3 ◯ が ◯ になり、いたわり充電機能がオンになります。

← いたわり充電

いたわり充電の使用 ●

4 ［手動］をタップすると、いたわり充電の開始時刻と満充電目標時刻を設定できます。

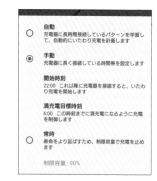

○ **自動**
充電器に長時間接続しているパターンを学習して、自動的にいたわり充電を計画します

◉ **手動**
充電器に長く接続している時間帯を設定します

開始時刻
22:00 これ以降に充電器を接続すると、いたわり充電を開始します

満充電目標時刻
6:00 この時刻までに満充電になるように充電を制御します

○ **常時**
寿命をより延ばすため、制限容量で充電を止めます

制限容量: 90%

おすそわけ充電を
利用する

Application

Xperia 5 Vには、スマートフォン同士を重ね合わせて相手のスマートフォンを充電する「おすそわけ充電」機能があります。Qi規格のワイヤレス充電に対応した機器であれば充電可能です。

おすそわけ充電を利用する

(1) P.20を参考に「設定」アプリを起動し、[バッテリー] → [おすそわけ充電] の順にタップします。

(2) [おすそわけ充電の使用] をタップします。

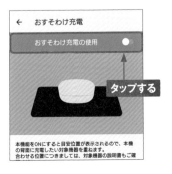

(3) おすそわけ充電が有効になり、充電の目安位置が表示されます。相手の機器の充電可能位置を目安位置の背面に重ねると、充電が行われます。

(4) 手順③の画面で [電池残量設定] をタップすると、Xperia 5 Vに残しておくバッテリー残量を設定できます。この値を下回るとおすそわけ充電は停止します。

7

STAMINAモードで バッテリーを長持ちさせる

Application

「STAMINAモード」を使用すると、特定のアプリの通信やスリープ時の動作を制限して節電します。バッテリーの残量に応じて自動的にSTAMINAモードにすることも可能です。

STAMINAモードを自動的に有効にする

(1) P.20を参考に「設定」アプリを起動し、[バッテリー] → [STAMINAモード] の順にタップします。

バッテリー

100%

充電が完了しました

バッテリー使用量
前回のフル充電からの使用状況を表示する

タップする

STAMINAモード
OFF

(2) 「STAMINAモード」画面が表示されたら、[STAMINAモードの使用] → [ONにする] の順にタップします。

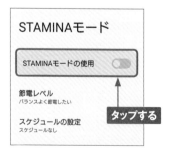

STAMINAモード

STAMINAモードの使用

節電レベル
バランスよく節電したい

スケジュールの設定
スケジュールなし

タップする

(3) 画面が暗くなり、STAMINAモードが有効になったら、[スケジュールの設定] をタップします。

STAMINAモード

STAMINAモードの使用

タップする

節電レベル
バランスよく節電したい

スケジュールの設定
スケジュールなし

(4) [残量に応じて自動でON] をタップし、スライダーを左右にドラッグすると、STAMINAモードが有効になるバッテリーの残量を変更できます。

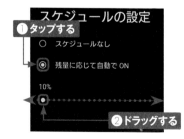

スケジュールの設定

❶タップする

○ スケジュールなし

◉ 残量に応じて自動で ON

10%

❷ドラッグする

本体ソフトウェアを
アップデートする

Application

本体のソフトウェアはアップデートが提供される場合があります。ソフトウェアアップデートを行う際は、事前に「ドコモデータコピー」アプリ（P.126参照）などでデータのバックアップを行っておきましょう。

ソフトウェアアップデートを確認する

(1) P.20を参考に「設定」アプリを起動し、［システム］をタップします。

保存されているパスワード、自動入力、同期されているアカウント

Digital Wellbeing と保護者による使用制限
利用時間、アプリタイマー、おやすみ時間のスケジュール

タップする

G Google
サービスと設定

⚙ システム
言語と入力、日付と時刻、バックアップ

目 デバイス情報
SO-53D

(2) ［システムアップデート］をタップします。

システム

⌨ 言語と入力

⊡ ジェスチャー

⏱ 日付と時刻
GMT+09:00 日本標準時

タップする

⟳ バックアップ

⊡ システム アップデート
Android 13 に更新済み

(3) ［アップデートをチェック］をタップすると、アップデートがあるかどうかの確認が行われます。アップデートがある場合は、［再開］をタップするとダウンロードとインストールが行われます。

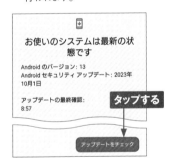

⬇

お使いのシステムは最新の状態です

Android のバージョン: 13
Android セキュリティ アップデート: 2023年10月1日

アップデートの最終確認: 8:57

タップする

アップデートをチェック

MEMO **ソニー製アプリの更新**

一部のソニー製アプリは、Google Playでは更新できない場合があります。手順②の画面で［アプリケーション更新］をタップすると更新可能なアプリが表示されるので、［インストール］→［OK］の順にタップして更新します。

本体を再起動する

Application

Xperia 5 Vの動作が不安定な場合は、再起動すると改善すること
があります。何か動作がおかしいと感じた場合、まずは再起動を試
してみましょう。

本体を再起動する

(1) 電源キー/指紋センサーと音量
キーの上を同時に押します。

(2) [再起動]をタップします。電源が
オフになり、しばらくして自動的に
電源が入ります。

同時に押す

タップする

MEMO 強制再起動とは

画面の操作やボタン操作が一切不可能で再起動
が行えない場合は、強制的に再起動することがで
きます。電源キー/指紋センサーと音量キーの
上を同時に押したままにし、Xperia 5 Vが振動
したら指を離すことで強制再起動が始まります。
この方法は、手順②の画面の右下に表示される
[強制再起動ガイド]をタップすると表示されます。

Section **78**

Application

本体を初期化する

再起動を行っても動作が不安定なときは、初期化すると改善する場合があります。なお、重要なデータは「ドコモデータコピー」アプリ（P.126参照）などで事前にバックアップを行っておきましょう。

本体を初期化する

1 P.20を参考に「設定」アプリを起動し、［システム］→［リセットオプション］の順にタップします。

2 ［全データを消去］をタップします。

3 メッセージを確認して、［すべてのデータを消去］をタップします。

4 ［すべてのデータを消去］をタップすると、初期化が行われます。

索引

お問い合わせについて

本書に関するご質問については、本書に記載されている内容に関するもののみとさせていただきます。本書の内容と関係のないご質問につきましては、一切お答えできませんので、あらかじめご了承ください。また、電話でのご質問は受け付けておりませんので、必ずFAXか書面にて下記までお送りください。
なお、ご質問の際には、必ず以下の項目を明記していただきますようお願いいたします。

1 お名前
2 返信先の住所またはFAX番号
3 書名
　（ゼロからはじめる　Xperia 5 V SO-53D　スマートガイド　［ドコモ完全対応版］）
4 本書の該当ページ
5 ご使用のソフトウェアのバージョン
6 ご質問内容

なお、お送りいただいたご質問には、できる限り迅速にお答えできるよう努力いたしておりますが、場合によってはお答えするまでに時間がかかることがあります。また、回答の期日をご指定なさっても、ご希望にお応えできるとは限りません。あらかじめご了承くださいますよう、お願いいたします。ご質問の際に記載いただきました個人情報は、回答後速やかに破棄させていただきます。

お問い合わせ先

〒 162-0846
東京都新宿区市谷左内町 21-13
株式会社技術評論社　書籍編集部
「ゼロからはじめる　Xperia 5 V SO-53D　スマートガイド　［ドコモ完全対応版］」質問係
FAX番号　03-3513-6167
URL：https://book.gihyo.jp/116/

■ お問い合わせの例

FAX

1 お名前
　技術　太郎

2 返信先の住所または FAX 番号
　03-XXXX-XXXX

3 書名
　ゼロからはじめる　Xperia 5
　V SO-53D　スマートガイド
　［ドコモ完全対応版］

4 本書の該当ページ
　40ページ

5 ご使用のソフトウェアのバージョン
　Android 13

6 ご質問内容
　手順3の画面が表示されない

ゼロからはじめる **Xperia 5 V SO-53D**
エクスペリア　ファイブマークファイブ エスオーゴーサンディー
スマートガイド　［ドコモ完全対応版］
かんぜんたいおうばん

2023年12月27日　初版　第1刷発行

著者	技術評論社編集部
発行者	片岡　巖
発行所	株式会社 技術評論社
	東京都新宿区市谷左内町 21-13
電話	03-3513-6150　販売促進部
	03-3513-6160　書籍編集部
装丁	菊池　祐（ライラック）
本文デザイン・DTP	リンクアップ
編集	田中　秀春
製本／印刷	図書印刷株式会社

定価はカバーに表示してあります。

ISBN978-4-297-13907-0 C3055

Printed in Japan